普通高等教育公共基础课系列教材

C 语言程序设计

——基于图形培养计算思维

（第二版）

岳　莉　李柯景　主编

科 学 出 版 社

北　京

内 容 简 介

本书突出“厚基础、重思维、提倡自主学习、注重能力培养”教学理念和指导思想，向初学 C 语言的读者展示新的编程语言学习路径。全书一共设计了 23 个非常有趣的实例，从幂函数图形、彩虹绘制到四叶草、鼠标绘图，从简易五子棋、滚动的圆、温度折线图到矩阵计算、随机文字，绝大多数实例为作者原创，可以不断激发读者的学习热情。

本书语言简洁，通俗易懂，内容叙述由浅入深，适合初学 C 语言的读者使用，也适合作为各类大专院校的教材。

图书在版编目（CIP）数据

C 语言程序设计：基于图形培养计算思维/岳莉，李柯景主编. —2 版.—北京：科学出版社，2021.1

（普通高等教育公共基础课系列教材）

ISBN 978-7-03-067539-2

Ⅰ.①C… Ⅱ.①岳… ②李… Ⅲ.①C 语言-程序设计-高等学校-教材 Ⅳ.①TP312.8

中国版本图书馆 CIP 数据核字（2020）第 267817 号

责任编辑：戴 薇 袁星星 / 责任校对：王 颖

责任印制：吕春珉 / 封面设计：东方人华平面设计部

科学出版社 出版

北京东黄城根北街 16 号

邮政编码：100717

http://www.sciencep.com

天津翔远印刷有限公司印刷

科学出版社发行 各地新华书店经销

*

2015 年 2 月第 一 版 开本：787×1092 1/16

2021 年 1 月第 二 版 印张：15 1/2

2024 年 1 月第十次印刷 字数：364 000

定价：52.00 元

（如有印装质量问题，我社负责调换〈翔远〉）

销售部电话 010-62136230 编辑部电话 010-62138978-2047

第二版前言

C 语言是一种短小精悍的计算机高级程序设计语言，它是根据结构化程序设计原则设计并实现的。C 语言具有丰富的数据类型，它为结构化程序设计提供了各种数据结构和控制结构，能够实现汇编语言中的大部分功能；同时，用 C 语言编写的程序具有良好的可移植性。目前，C 语言能在多种操作系统环境下运行，并且已经在很多领域里得到了应用，是国际上应用极为广泛的高级程序设计语言之一。

本书是在国内外广泛关注并且推进“计算思维”教学理念的大背景下，根据教育部高等学校计算机基础课程教学指导委员会《高等学校计算机基础核心课程教学实施方案》的基本要求编写的，突出“厚基础、重思维、提倡自主学习、注重能力培养”的教学理念和指导思想。本书加入了算法设计方法、常见经典算法、程序设计方法等与科学思维相关的内容；重视拓展和探究性教学，培养学生自主学习能力。本书提供了大量的思考或自主学习题目，鼓励学生独立动手动脑，通过自己的努力拓展书中所学知识，注重编程逻辑的培养；通过引入图形案例引发学生学习兴趣，培养学生自主学习能力，使读者的注意力集中在算法的设计上，从而达到启发读者编程思路，培养逻辑思维能力的目的。

本书由岳莉和李柯景主编，具体编写分工如下：第 1 章、第 2 章和第 12 章由岳莉编写；第 3 章由张淑艳编写；第 4 章由李克玲编写；第 5 章由郭南楠编写；第 6 章和第 7 章由李柯景编写；第 8 章由徐志伟编写；第 9 章由庄天舒编写；第 10 章和第 11 章由高鹏编写。岳莉设计编写了大部分图形案例并负责对本书进行统稿。

本书由李念峰教授、李纯莲教授和边晶副教授主审，李念峰教授丰富的教学经验和现代的教学理念启发了作者的思路，在此表示感谢。另外，还要感谢在本书编写和出版过程中给予帮助的课程组成员。本书得到了长春大学教务处和计算机科学技术学院的支持，在此一并感谢。

由于作者水平有限，书中难免存在不足之处，恳请计算机工作者、广大读者和同行批评指正。

第一版前言

C 语言是一种简洁高效的计算机高级程序设计语言，是根据结构化程序设计原则设计并实现的。C 语言具有丰富的数据类型，为结构化程序设计提供了多种数据结构和控制结构，能够实现汇编语言中的大部分功能，同时，用 C 语言编写的程序具有良好的可移植性。C 语言虽然是为编写 UNIX 操作系统而设计的，但并不依赖于 UNIX 操作系统，目前 C 语言能在多种操作系统环境下运行，并且已经在很多领域里得到了应用，是目前国际上应用广泛的高级程序设计语言之一。

本书的主要特点如下：

1）按照循序渐进的原则，逐步引出 C 语言中的基本概念，如 C 语言中的运算符比较丰富，其优先级也比较复杂，在本书中，根据运算符的种类，把运算符融入实例中进行讲解，这样有助于读者的理解和掌握。

2）在介绍 C 语言中的基本概念时，除了阐述理论之外，还通过典型的例题着重强调了基本概念在程序设计中的应用，有助于读者的理解和掌握。

3）本书的重点放在 C 语言的使用上，对例题中出现的每一个算法都做出了比较详细的解释，适合初学者和自学者使用。

4）每章末尾均配有习题和实验，实验包括程序填空题、程序改错题和程序设计题等，有助于读者巩固已学习的内容。

5）本书在文字叙述上力求条理清晰、简洁，便于读者阅读。

6）本书中的所有例题都已上机调试并通过，读者可以边学习边上机操作。

本书由多年从事 C 语言教学的具有丰富教学经验的一线教师编写而成。本书由岳莉担任主编，边晶、李柯景担任副主编，其中第 1 章、第 2 章、第 9 章和第 10 章由岳莉编写，第 3 章由李克玲编写，第 4 章由郭南楠编写，第 5 章由李柯景编写，第 6 章和第 11 章由边晶编写，第 7 章由徐志伟编写，第 8 章由庄天舒编写。全书由陈玉明教授负责统稿。陈玉明教授对本书提出许多宝贵意见，在此表示衷心的感谢。

由于编者水平有限，同时编写时间紧，书中难免有疏漏和不妥之处，敬请广大读者批评指正。

编　者

2014 年 12 月

目　　录

第 1 章　程序设计基本方法

学习目标

1）了解程序设计语言的发展历程。
2）理解 C 语言的特点及其重要性。
3）掌握 C 语言 Hello 程序的编写方法。
4）掌握 C 语言开发和运行环境的配置方法。

Hello World 是 1978 年 Brian W. Kernighan 和 Dennis M. Ritchie 合著的 *The C Programme Language* 中的第一个示例，其因为简洁、实用而广泛流行。

1.1　程序设计语言

程序设计语言是用于书写计算机程序的语言。语言的基础是一组记号和一组规则。根据规则由记号构成的记号串的总体就是语言。在程序设计语言中，这些记号串就是程序。

自 20 世纪 60 年代以来，世界上公布的程序设计语言已有上千种之多，但是只有很小一部分得到了广泛的应用。从发展历程来看，程序设计语言可以分为 4 代。

1. 第 1 代机器语言

机器语言是由二进制 0、1 代码指令构成的，不同的 CPU 具有不同的指令系统。机器语言程序难编写、难修改、难维护，需要用户直接对存储空间进行分配，编程效率极低。这种语言已经被渐渐淘汰。

2. 第 2 代汇编语言

汇编语言指令是机器指令的符号化，与机器指令存在着直接的对应关系，所以汇编语言同样存在难学难用、容易出错、维护困难等缺点。但是汇编语言也有自己的优点，如可直接访问系统接口、汇编程序翻译成的机器语言程序的效率高等。从软件工程角度来看，只有在高级语言不能满足设计要求，或不具备支持某种特定功能的技术性能（如特殊的输入/输出）时，汇编语言才被使用。

3. 第 3 代高级语言

高级语言是面向用户的、基本上独立于计算机种类和结构的语言。其最大的优点是形式上接近算术语言和自然语言，概念上接近人们通常使用的概念。高级语言的一个命令可以代替几条、几十条甚至几百条汇编语言的指令。因此，高级语言易学易用、通用性强、应用广泛。高级语言种类繁多，可以从应用特点和对客观系统的描述两个方面对其进行进一步分类。

1）从应用特点来看，高级语言可以分为基础语言、结构化语言和专用语言。

① 基础语言。基础语言也称通用语言，它历史悠久，流传很广，有大量的已开发的软件库，拥有众多的用户，为人们所熟悉和接受。FORTRAN、COBOL、BASIC、ALGOL等均属于基础语言。

② 结构化语言。20 世纪 70 年代以来，结构化程序设计和软件工程的思想日益为人们所接受和欣赏。在它们的影响下，先后出现了一些很有影响的结构化语言，这些结构化语言直接支持结构化的控制结构，具有很强的过程结构和数据结构能力。Pascal、C、Ada 语言就是结构化语言的突出代表。

③ 专用语言。专用语言是为某种特殊应用而专门设计的语言，通常具有特殊的语法形式。一般来说，这种语言的应用范围狭窄，移植性和可维护性不如结构化程序设计语言。随着时间的推移，被使用的专业语言已有数百种，应用比较广泛的有 APL、Forth、Lisp 语言。

2）从客观系统的描述来看，程序设计语言可以分为面向过程语言和面向对象语言。

① 面向过程语言。以“数据结构+算法”程序设计范式构成的程序设计语言称为面向过程语言。前面介绍的程序设计语言大多为面向过程语言。

② 面向对象语言。以“对象+消息”程序设计范式构成的程序设计语言称为面向对象语言。比较流行的面向对象语言有 Delphi、Visual Basic、Java、C++等。

4. 第 4 代非过程化语言

第 4 代非过程化语言（fourth-generation language，4GL）在编码时只需要说明“做什么”，不需要描述算法细节。

数据库查询和应用程序生成器是 4GL 的两个典型应用。用户可以用数据库查询语言（structured query language，SQL）对数据库中的信息进行复杂的操作。用户只需要将要查找的内容在什么地方、根据什么条件进行查找等信息告诉 SQL，SQL 就会自动完成查找过程。应用程序生成器则是根据用户的需求“自动生成”满足需求的高级语言程序。真正的第 4 代程序设计语言其实并没有出现，目前所谓的第 4 代程序设计语言大多是指基于某种语言环境上具有 4GL 特征的软件工具产品，如 System Z、PowerBuilder、FOCUS等。第 4 代程序设计语言是面向应用，为最终用户设计的一类程序设计语言。它具有缩短应用开发过程、降低维护代价、最大限度地减少调试过程中出现的问题及对用户友好等优点。

思考与练习

1. 请列出不少于 3 种程序设计语言。
2. 请总结你对程序设计语言的理解。

1.2 C语言的发展及其特点

1.2.1 C语言的发展

C语言的原型是ALGOL 60语言，也称为A语言。1963年，剑桥大学将ALGOL 60语言发展成为CPL（combined programming language，组合编程语言）。

1967年，剑桥大学的Matin Richards对CPL进行了简化，于是产生了BCPL（basic combined programming language，基本的组合编程语言）。

1970年，美国贝尔实验室（Bell Labs）的Ken Thompson对BCPL进行了修改，并取名为B语言，意思是提取CPL的精华（Boiling CPL down to its basic good features），并用B语言写了第一个UNIX系统。

1973年，美国贝尔实验室的Dennis M. Ritchie在B语言的基础上最终设计出了一种新的语言，取BCPL的第二个字母作为这种语言的名字，这就是C语言。

为了推广UNIX操作系统，1977年Dennis M. Ritchie 发表了不依赖于具体机器系统的C语言编译文本《可移植的C语言编译程序》。

1978年，Brian W. Kernighan和Dennis M. Ritchie出版了名著*The C Programming Language*，从而使C语言成为目前世界上最流行的高级程序设计语言。

1988年，随着微型计算机的日益普及，出现了许多C语言版本。由于没有统一的标准，因此这些C语言之间出现了一些不一致的地方。为了改变这种情况，美国国家标准研究所（American National Standards Institute，ANSI）为C语言制定了一套ANSI标准，成为现行的C语言标准。

1.2.2 编写Hello程序

首先运行最简单的Hello程序，该程序的功能是在屏幕上输出Hello World。这个程序虽小，但却是初学者接触编程语言的第一步。其代码如下：

```
#include<stdio.h>
void main()
{
   printf("Hello World ");
}
```

程序运行结果如下：

```
Hello World
```

程序说明：

1）include称为文件包含命令。

2）main是主函数的函数名，表示这是一个主函数。

3）每一个C源程序都必须有主函数，并且只能有一个主函数（main()函数）。

4）printf()函数的功能是把要输出的内容送到显示器显示。

5）printf()函数是一个由系统定义的标准函数，可在程序中直接调用。

1.2.3　C语言的特点

C语言既具有高级语言的特点，又具有汇编语言的特点。它可以作为工作系统设计语言，编写系统应用程序；也可以作为应用程序设计语言，编写不依赖计算机硬件的应用程序。

C语言的应用范围广泛，具备很强的数据处理能力，不仅是在软件开发上，而且各类科研都需要用到C语言，适于编写系统软件，三维、二维图形和动画。

C语言的特点简述如下：

1）简洁紧凑、灵活方便。C语言共有32个关键字、9种控制语句，程序书写形式自由，区分大小写。C语言把高级语言的基本结构和语句与低级语言的实用性结合起来。C语言可以像汇编语言一样对位、字节和地址进行操作，而这三者是计算机基本的工作单元。

2）运算符丰富。C语言的运算符包含的范围非常广泛，共有34种。C语言把括号、赋值、强制类型转换等都作为运算符处理，因而C语言的运算类型极其丰富，表达式类型多样。灵活使用各种运算符可以实现在其他高级语言中难以实现的运算。

3）数据类型丰富。C语言的数据类型有整型、实型、字符型、数组类型、指针类型、结构体类型、共用体类型等，能用来实现各种复杂的数据结构的运算。C语言还引入了指针概念，使程序效率更高。另外，C语言具有强大的图形功能，支持多种显示器和驱动器，且计算功能、逻辑判断功能强大。

4）结构式语言。结构式语言的显著特点是代码及数据的分隔化，即程序的各个部分除了必要的信息交流外彼此独立。这种结构化方式可使程序层次清晰，便于使用、维护及调试。C语言是以函数形式提供给用户的，这些函数可方便地调用，并具有多种循环、条件语句控制程序流向，从而使程序完全结构化。

5）语法限制不太严格，程序设计自由度大。虽然C语言也是强类型语言，但它的语法比较灵活，程序编写者有较大的自由度。

6）允许直接访问物理地址，对硬件进行操作。由于C语言允许直接访问物理地址，可以直接对硬件进行操作，因此它既具有高级语言的功能，又具有低级语言的许多功能。

7）生成目标代码质量高，程序执行效率高。C语言一般只比汇编程序生成的目标代码效率低10%～20%。

8）适用范围大，可移植性好。C语言有一个突出的优点，即适合于多种操作系统，如DOS、UNIX、Windows 98、Windows NT等；也适用于多种机型。C语言具有强大的绘图能力，可移植性好，并具备很强的数据处理能力，因此适于编写系统软件，三维、二维图形和动画；同时，它也是数值计算的高级语言。

思考与练习

1. 请列出不少于3个C语言的特点。
2. 请写出在屏幕上输出“祖国，你好”的C语句。

1.3　C 语言开发环境的配置

1.3.1　安装 Visual C++ 6.0

1）启动安装向导，单击“下一步”按钮，如图 1-1 所示。

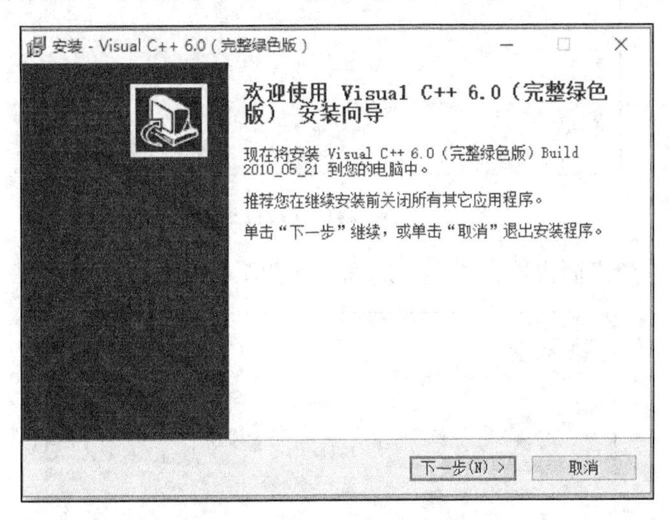

图 1-1　单击“下一步”按钮

2）继续单击“下一步”按钮，如图 1-2 所示。

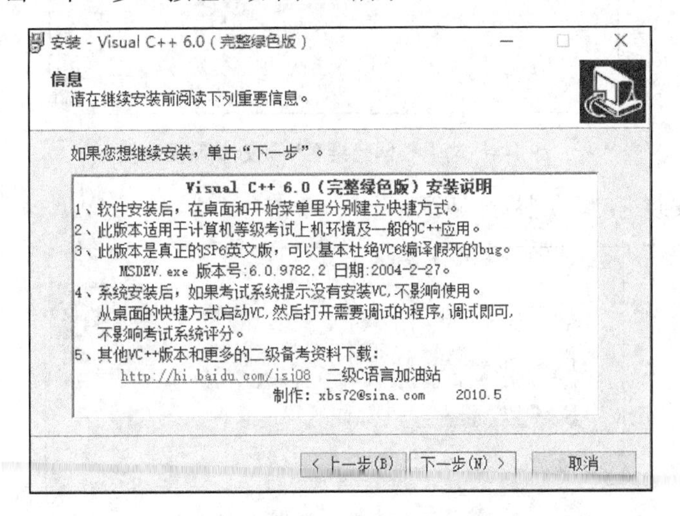

图 1-2　继续单击“下一步”按钮

3）选择安装位置，默认安装位置是 C 盘，建议更改，如图 1-3 所示，单击“下一步”按钮。

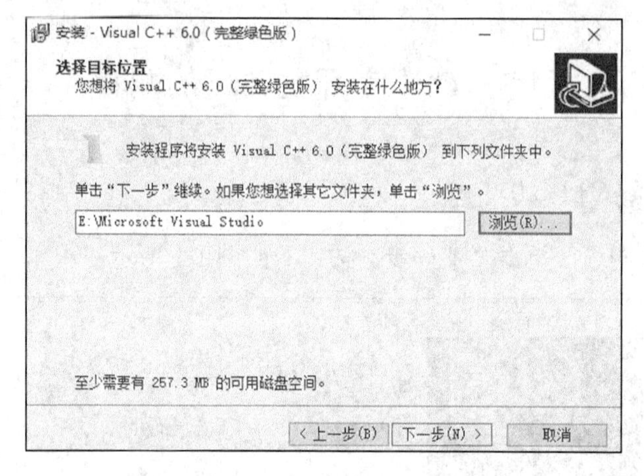

图 1-3　选择安装位置

4）选中“创建桌面快捷方式”复选框，如图 1-4 所示，单击“下一步”按钮。

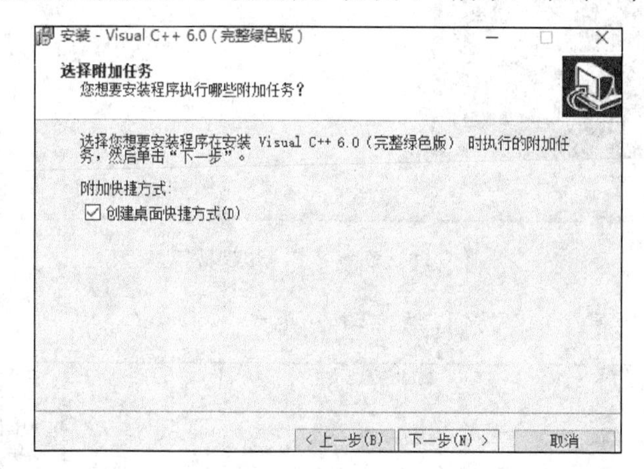

图 1-4　选中“创建桌面快捷方式”复选框

5）显示安装进度，如图 1-5 所示。

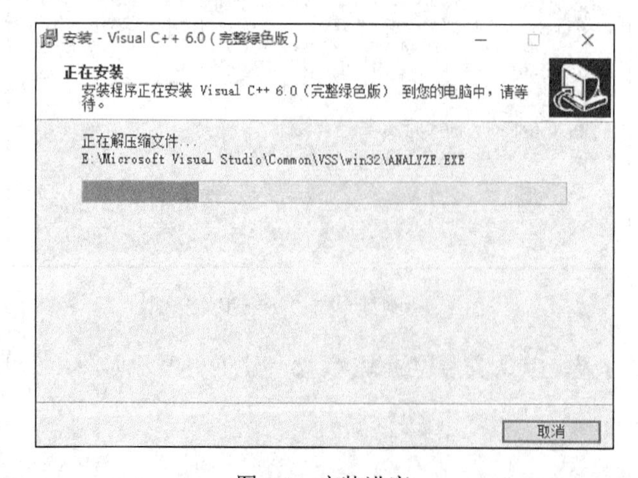

图 1-5　安装进度

6）安装完成，单击“完成”按钮，自动运行，如图 1-6 所示。

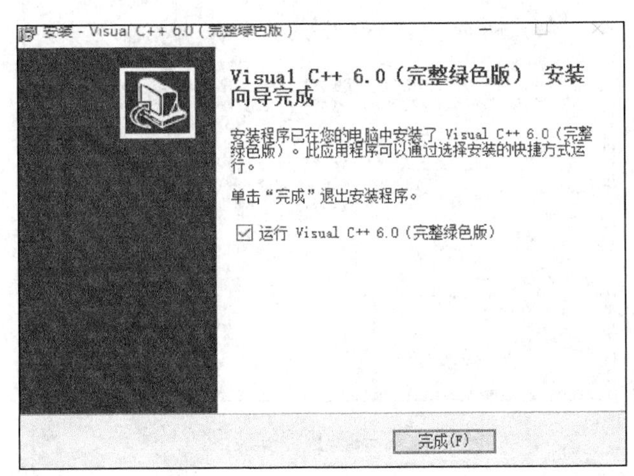

图 1-6　安装完成

1.3.2　配置 EasyX 图形库

Visual C（以下简称 VC）的编辑和调试环境都很优秀，但是在 VC 下只能输出文字性的内容，绘制直线、圆等图形很难，要注册窗口类、建消息循环等。

EasyX 是针对 C++语言的图形库，可以帮助 C 语言初学者快速掌握图形和游戏编程。

例如，可以使用 Visual C++（以下简称 VC++）和 EasyX 用几何图形绘制一所房子或者一辆移动的小车，编写俄罗斯方块、贪吃蛇、黑白棋等小游戏，练习图形学的各种算法，等等。

EasyX 的安装很简单，只需要启动安装向导，单击“下一步”按钮，然后针对所用的开发平台，选择安装即可，如图 1-7 和图 1-8 所示。

图 1-7　启动安装向导

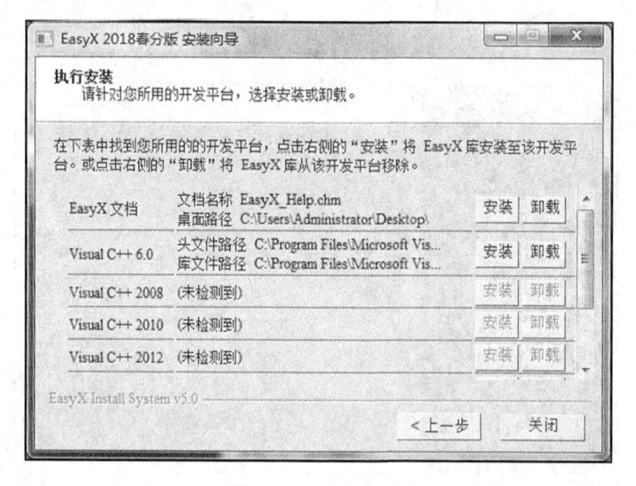

图 1-8　执行安装

1.3.3　运行 C 程序

在 VC++环境中编写 C 语言程序的步骤如下。

注意：在开始编程之前最好先创建一个文件夹，文件夹的位置可以自己选择，该文件夹用来存放以后创建的 C 文件，以方便查找。这里创建的文件夹路径为 D:\my_c。

1. *启动 VC++*

在“开始”菜单中选择“程序”→“Microsoft Visual Studio 6.0”→“Microsoft Visual C++ 6.0”命令，即可启动 VC++，屏幕上将显示图 1-9 所示的窗口。

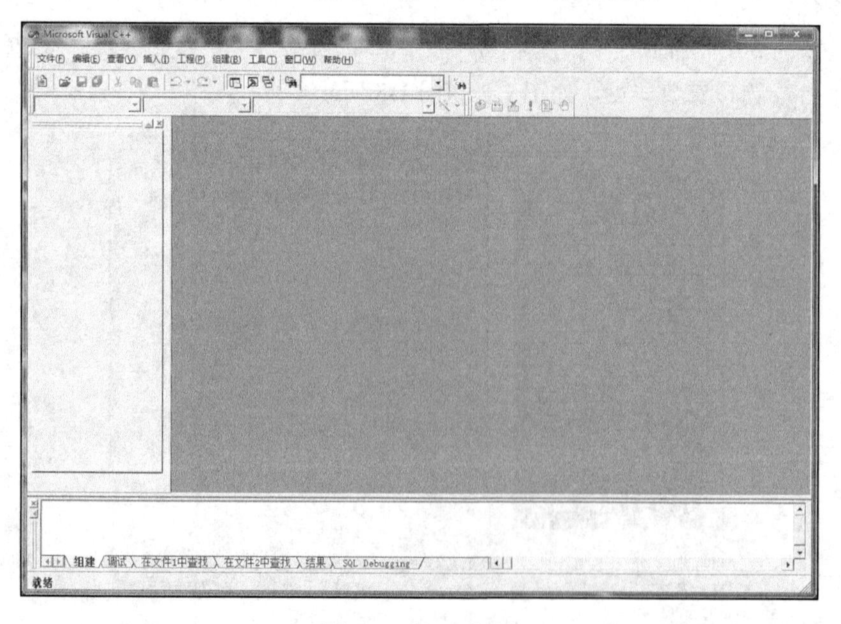

图 1-9　VC++窗口

2. 新建/打开 C 程序文件

在 VC++环境中可以先建立工程文件，再新建 C 语言的源文件，也可以直接新建一个源文件，此处介绍第二种方法。选择“文件”→“新建”命令，弹出“新建”对话框，选择“文件”选项卡中的“C++ Source File”选项，在“文件名”文本框中输入文件名，如“program_1.c”，在“位置”文本框中输入先前创建的用来存放 C 文件的文件夹“D:\my_c”，单击“确定”按钮，即可打开程序的编辑窗口，如图 1-10 所示。

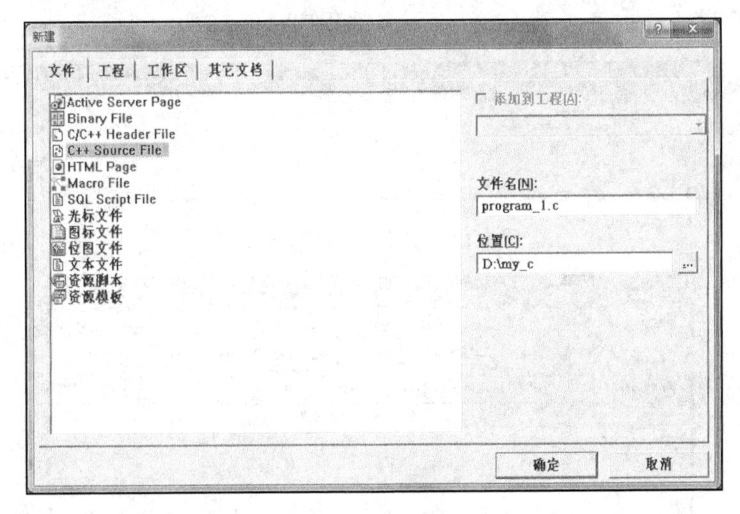

图 1-10　新建文件

如果程序已经输入并保存在磁盘上，可选择“文件”→“打开”命令，在弹出的对话框中找到正确的文件夹，调入指定的程序文件。

3. 编辑并保存源程序

在编辑窗口中输入源程序代码，如图 1-11 所示，然后通过“文件”菜单保存 C 语言源程序。

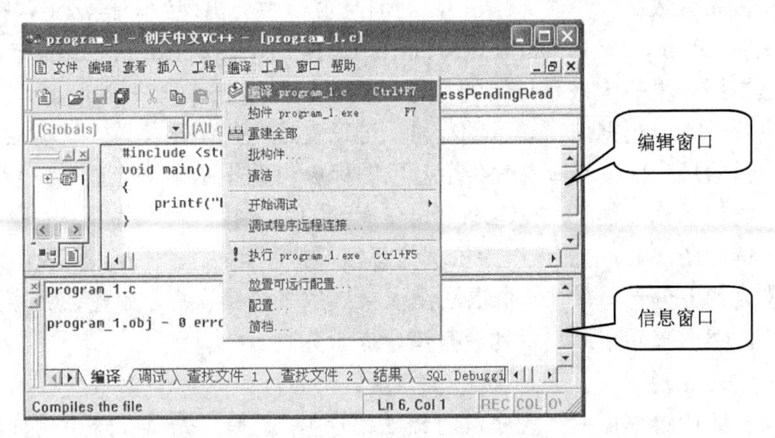

图 1-11　保存并编译 C 语言源程序

4. 编译、连接、执行程序

（1）编译

选择“编译”→“编译”命令，将C语言源程序（.c文件）编译为目标程序（.obj文件），如图1-11所示。由于VC++环境中的程序需要在工作区中运行，若此时没有工程文件的支持，就会出现创建默认工作区的提示，如图1-12所示，单击“是”按钮即可。如果源程序没有错误，将在图1-13所示的信息窗口中显示“0 error(s) 0 warning(s)”；有时出现几个警告性信息（warning），不影响程序执行。

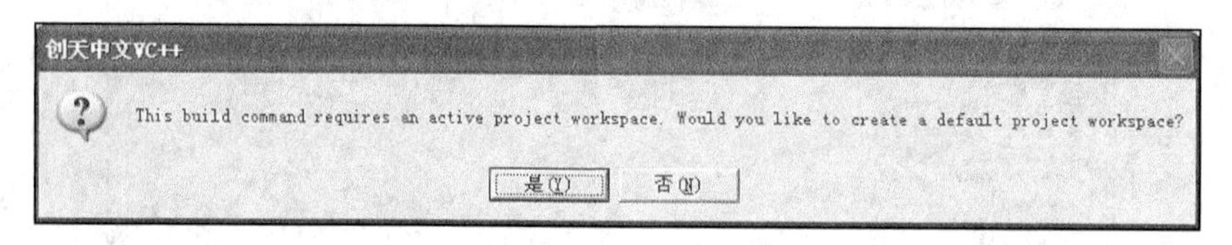

图1-12　创建默认工作区提示

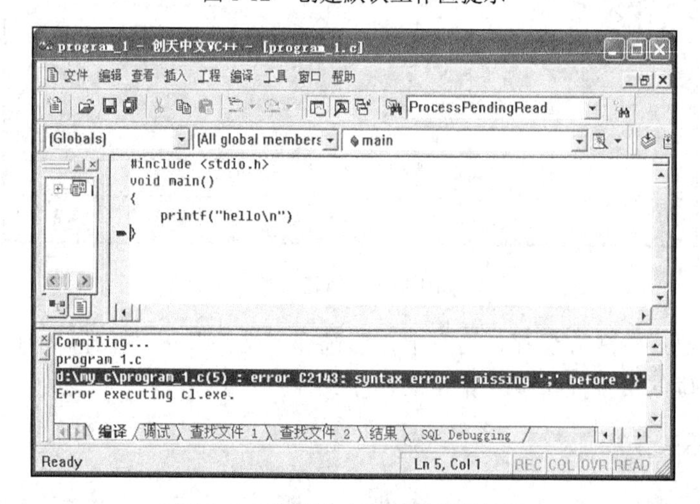

图1-13　程序中有语法错误的情况

假如有致命性错误（error），则信息窗口中会出现致命语法错误提示，如图1-13所示中的“d:\my_c\program_1.c(5) : error C2143: syntax error : missing ';' before '}'”（该出错信息中括号里的5表示出错的行号，该错误提示表示程序program_1.c的第5行'}'之前缺少分号';'）。根据出错提示的行号，可以直接定位出错位置，只需双击信息窗口中的某行出错信息，程序窗口中就会用蓝色图标➡自动指示出对应出错位置，此时可根据信息窗口的提示修改程序。找错时可先在指示的行上找，若未找到，则需要向上一行继续找错。例如图1-13中的错误，虽然信息窗口提示第5行出错，但我们还是习惯在第4行的末尾加上分号。有时一个语法错误会导致多个错误提示，建议大家从第一个错误开始修改，然后重新编译，直到没有错误提示为止。

（2）连接

程序通过编译后（程序没有语法错误），选择“编译”→“构件”命令，将编译生成的目标文件与库函数连接为可执行文件（.exe 文件）。

（3）执行

程序通过连接后（执行连接后没有错误），选择“编译”→“执行”命令，将执行程序。如果程序运行时需要输入/输出数据，VC++将自动弹出图 1-14 所示的数据输入/输出窗口，按任意键将关闭该窗口。

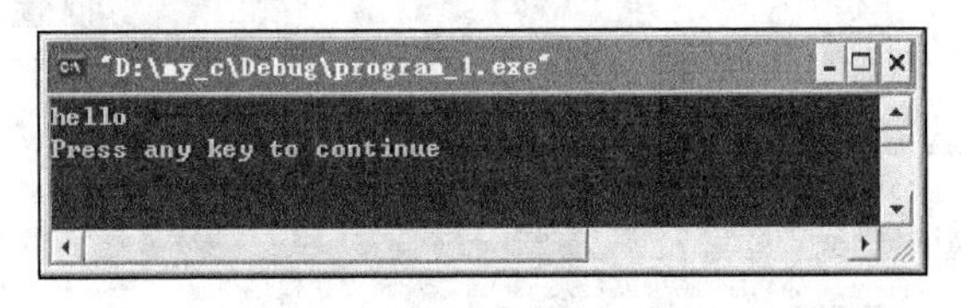

图 1-14 数据输入/输出窗口

5. 关闭程序工作区

在创建一个 C 语言工程时，VC++系统自动产生相应的工作区，以完成程序的运行和调试。若想执行第二个 C 语言程序，必须关闭前一个程序的工作区，然后新建一个 C 语言工程，产生第二个程序的工作区，否则运行的将一直是前一个程序。

“文件”菜单中提供了关闭程序工作区功能，如图 1-15 所示。

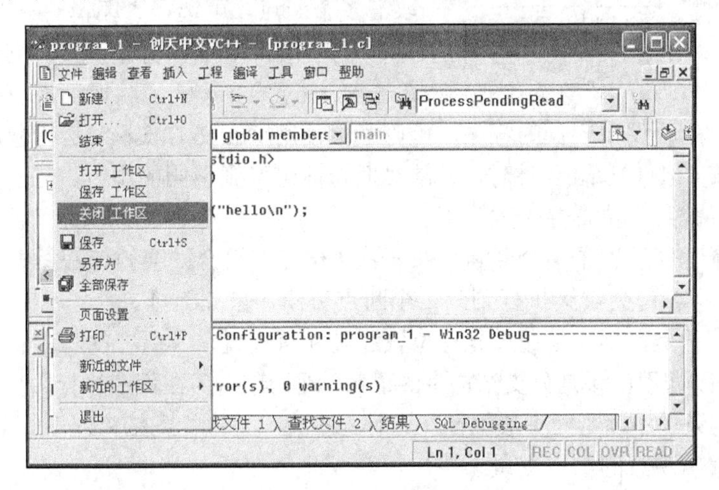

图 1-15 关闭程序工作区

6. 程序调试

（1）使程序执行到中途暂停以便观察阶段性结果

方法一：使程序执行到光标所在的那一行暂停。

1）在需暂停的行上单击，定位光标。

2）如图 1-16 所示，选择“编译”→“开始调试”→“Run to Cursor”命令，或按 Ctrl+F10 组合键，程序将执行到光标所在行暂停。如果把光标移动到后面的某个位置，再按 Ctrl+F10 组合键，程序将从当前的暂停点继续执行到新的光标位置，第二次暂停。

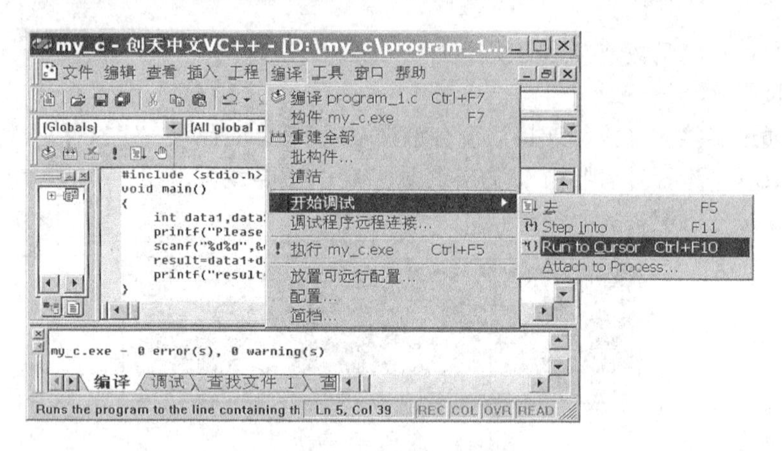

图 1-16　执行到光标所在行暂停

方法二：在需暂停的行上设置断点。

1）在需设置断点的行上单击，定位光标。

2）单击图 1-17 所示的“编译微型条”中的按钮或按 F9 键，被设置了断点的行前面会有一个红色圆点标志。该操作是一个开关，单击一次是设置，单击两次是取消设置。如果想取消多个断点，可选择“编辑”→“断点”命令，在打开的 Breakpoints 窗口下方将列出所有断点，单击 Remove All 按钮，将取消所有断点。

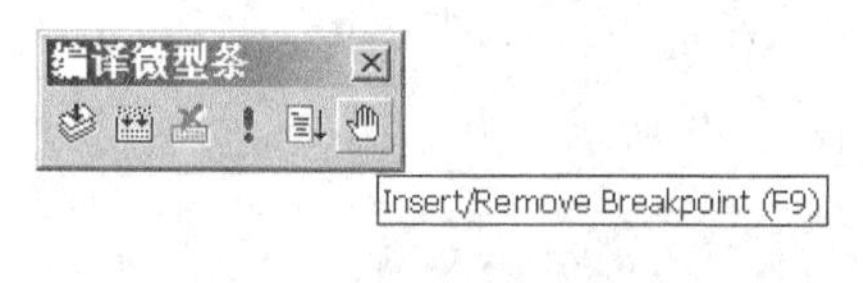

图 1-17　设置断点

断点通常用于调试较长的程序，可以避免使用 Run to Cursor（运行程序到光标处暂停）命令或按 Ctrl+F10 组合键时，经常要把光标定位到不同的地方。对于长度为上百行的程序，要寻找某个位置并不太方便。

如果一个程序设置了多个断点，按一次 Ctrl+F5 组合键会暂停在第一个断点，再按一次 Ctrl+F5 组合键会继续执行到第二个断点暂停，依此类推。

需要提醒的是，不管是通过光标位置还是断点设置，其所在的程序行必须是程序执行的必经之路，即不应该是分支结构中的语句，因为该语句在程序执行中受到条件判断的限制有可能因条件不满足而不被执行，这时程序将一直执行到结束或下一个断点为止。

（2）设置需观察的结果变量

采用上述两种方法，使程序执行到指定位置时暂停，目的是查看有关的中间结果。图 1-18 左下角窗格中的 Locals 标签中自动显示了当前函数内局部变量的值，其中 data1 和 data2 的值分别是 3、5；而变量 result 的值是错误的，因为此时程序还未执行赋值语句，result 还未被赋值。图 1-18 中程序左侧的箭头指示当前程序暂停的位置。如果还想观察其他变量的值，可在图 1-18 中右下角的 Watch 标签中的 Name 文本框中输入相应变量名。

（3）单步执行

单击“调试”中的 Step Over按钮或按 F10 键即可单步执行，如图 1-19 所示。如果遇到自定义函数调用，想进入函数内部进行单步执行，可单击 Step Into按钮或按 F11 键。当想结束函数的单步执行时，可单击 Step Out按钮或按 Shift+F11 组合键。对不包括函数调用的语句来说，F11 与 F10 键作用相同。

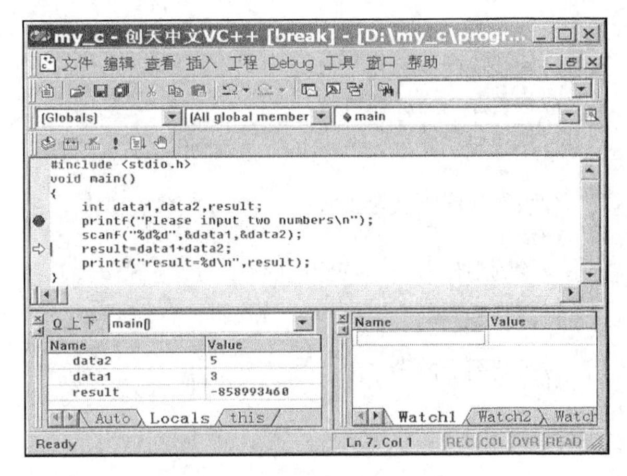

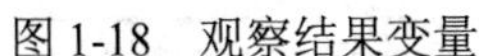
图 1-18　观察结果变量

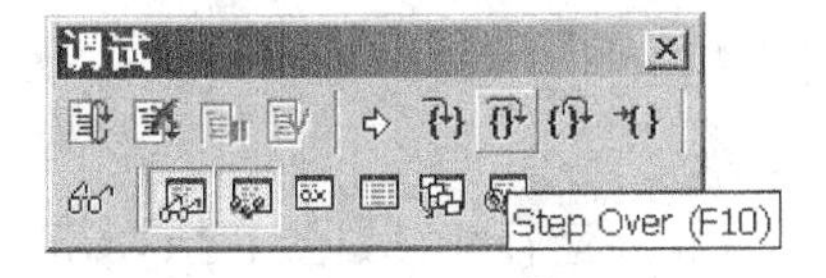

图 1-19　单步执行

（4）停止调试

选择 Debug→Stop Debugging 命令，或按 Shift+F5 组合键可以结束调试，回到正常的运行状态。

1.3.4　运行 C 语言小程序

Hello Word 程序只有 5 行代码，非常简单。本节给出几个稍微复杂的小程序，供读者练习。读者可忽略程序的具体语法含义，这正是后面要学习的内容。当然，尝试理解语法也十分有益。

注意：在编辑器中输入代码时，“/*”和“*/”之间的文字是注释，仅用来帮助读者理解程序，不影响程序执行，可以不输入。

例 1-1　简单的人名对话，对用户输入的人名给出一些不同的回应。

```
#include<stdio.h>
void main()
{
    char name[100];
    gets(name);
    printf("%s 同学，学好 C 语言，前途无量！\n ",name);
    printf("%s 大侠，学好 C 语言，大展拳脚！\n ",name);
    printf("%s 哥哥，学好 C 语言，人见人爱！\n ",name);
}
```

程序运行结果如下：

郭靖
郭靖同学，学好 C 语言，前途无量！
郭靖大侠，学好 C 语言，大展拳脚！
郭靖哥哥，学好 C 语言，人见人爱！

例 1-2　绘制同心圆。

```
#include<graphics.h>
#include<conio.h>
```

```
void main()                         //主函数
{

    initgraph(640, 480);            //初始化图形模式
    setorigin(320, 240);            //设置原点为屏幕中央
    setbkcolor(WHITE);              //使用白色填充背景
    cleardevice();
    setcolor(RED);                  //设置绘图颜色为红色
    circle( 0, 0, 50);              //绘制半径为 50 的圆
    circle( 0, 0, 100);             //绘制半径为 100 的圆
    circle( 0, 0, 150);             //绘制半径为 150 的圆
    getch();
    closegraph();                   //关闭图形模式
}
```

程序运行结果如图 1-20 所示。

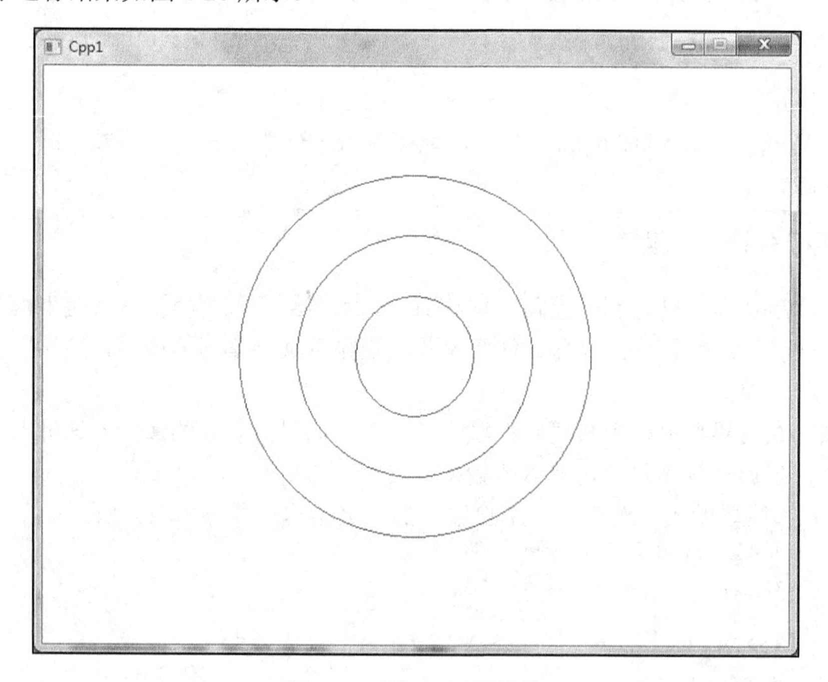

图 1-20　例 1-2 运行结果

例 1-3　输出当前计算机的系统日期和时间。

```
#include<stdio.h>
#include<time.h>
int main(void)
{
    time_t tim;
    struct tm *at;
    char now[80];
    time(&tim);
    at=localtime(&tim);
    strftime(now,79,"%Y-%m-%d\n%H:%M:%S\n",at);
```

```
    puts(now);
    return 0;
}
```

程序运行结果如图 1-21 所示。

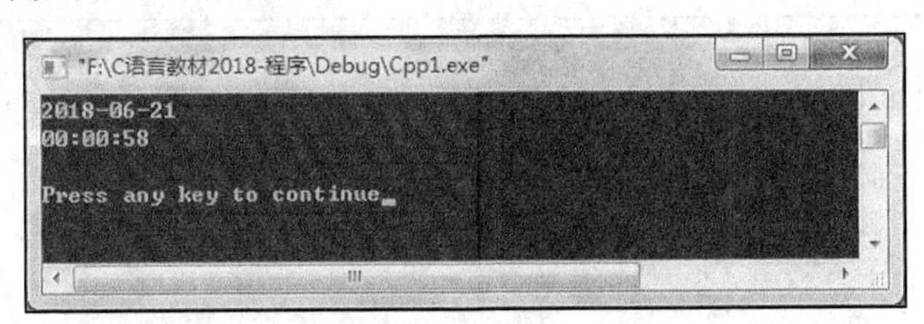

图 1-21　例 1-3 运行结果

思考与练习

1. 两个连续的 printf()函数输出内容会在一行连续输出，如何换行输出结果？
2. include 用来引入函数库，绘制图形使用什么函数库？
3. 输出当前计算机的系统日期和时间使用什么函数库？

程 序 练 习

一、程序填空

程序运行结果如下：
您好！
欢迎您使用 VC++ 6.0。

根据运行结果将程序补充完整。

```
#include<stdio.h>
void main()
{
    ____________________
    printf("欢迎您使用 VC++ 6.0。\n");
}
```

二、程序改错

输入下面的程序，改正错误后编译并运行程序。

```
#include<stdio.h>
void main()
{
    printf("Hellow!\n")
    printf("This is a C program.\n);
}
```

三、程序设计

编程绘制 6 个同心圆，运行结果如图 1-22 所示。

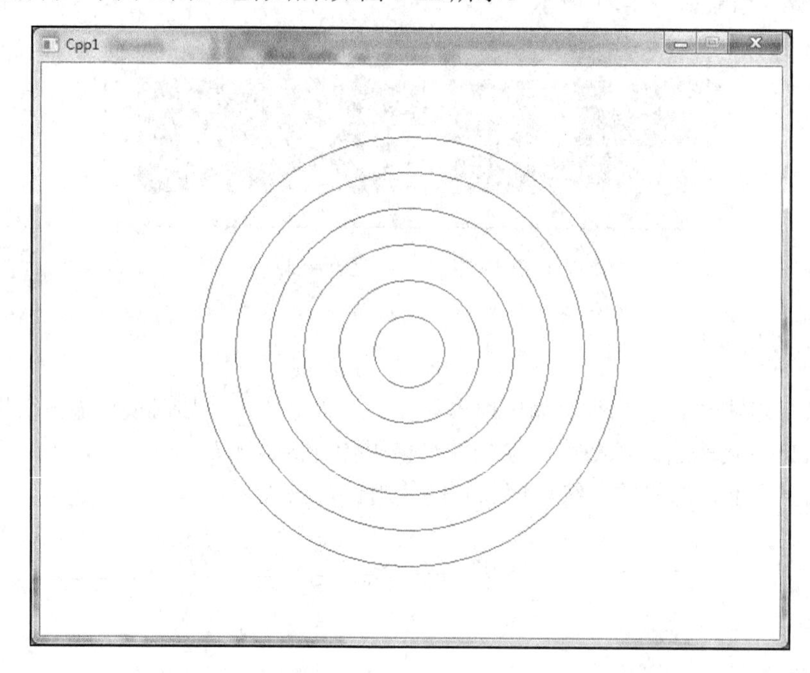

图 1-22 绘制 6 个同心圆

第 2 章　C 语言程序实例解析

1）掌握解决计算问题的一般方法。

2）掌握 C 语言的基本语法，包括书写规则、变量、命名等。

3）掌握 C 语言绘图的一般方法。

4）了解 C 语言标准库的导入和使用。

本章我们通过几个程序实例，了解 C 语言的基本语法和绘图的基本方法。

2.1　实例 1：计算正弦值

本节以正弦值为例，介绍程序设计的基本方法，并给出 C 语言的具体实现。

问题：如何计算正弦值？

用程序编写基本方法，用计算机解决上述问题需要 6 个步骤，分析和实现过程如下：

1）分析问题：利用程序求正弦值，由用户输入值，程序给出运行结果。

2）划分边界：在确定计算部分的基础上进一步划分边界，即明确问题的输入数据、输出数据和对数据处理的要求。由程序输入角的度数，计算正弦值并输出，该功能表述如下：

输入：角的度数；

处理：根据正弦函数求得正弦值；

输出：正弦值。

3）设计算法。本实例利用 sin()函数实现。

4）编写代码。实例 1 代码如下：

```
1   //输入角的度数，输出正弦值
2   #include<math.h>
3   #include<stdio.h>
4   #define PI 3.14
5   void main()
6   {
7       double x,s;
8       printf("输入角的度数:");
9       scanf("%lf",&x);
10      s=sin(x/180*PI);
11      printf(" %lf 度角的正弦值为: %lf\n",x,s);
12  }
```

5）调试测试：将上述文件保存为 c1.cpp。运行程序，输入角的度数值，输出对应的正弦值。

6）升级程序：随着问题使用场景、输入和输出要求等因素的变化，程序需要不断地维护和升级。

思考与练习

1. 如果输入值为负数，该如何处理？
2. 如何连续求正弦值？

2.2　C 语言程序语法元素分析

2.2.1　程序的结构

为了说明 C 语言程序结构的特点，读者可先仔细阅读实例 1 的代码。

结合以上示例，可以看出 C 语言程序结构有以下基本特点：

1）C 语言程序是由函数（如 main()函数和 max()函数）组成的，每一个函数完成相对独立的功能，函数是 C 语言程序的基本模块单元。main 是函数名，函数名后面的一对圆括号“()”用来写函数的参数。参数可以有，也可以没有，但圆括号不能省略。

2）一个 C 语言程序总是从 main()函数开始执行。主函数执行完毕，程序执行结束。

3）C 语言编译系统区分字母大小写。C 语言把大小写字母视为两个不同的字符，并规定每条语句或数据说明均以分号“;”结束。分号是语句不可缺少的组成部分。

4）主函数 main()既可以放在其他函数之前，也可以放在其他函数之后。习惯上，将主函数 main()放在最前面。

5）C 语言程序中调用的函数既可以是由系统提供的库函数，也可以是由编程人员根据需要设计的函数。

2.2.2　注释

```
1    //输入角的度数，输出正弦值
```

实例 1 的第 1 行为注释，不参与程序的执行。注释是 C 语言程序中对一大段连续的程序段进行标示的标记符，在规范的 C 语言程序中也常常用来标示版权、著作者、调试运行信息、函数输入/输出变量等，但都是利用其注释的作用。另外，很多编程人员常将某特定的程序段注释掉（不编译），来对程序进行调试。对单独或者小段的程序段加以注解时使用“//”更快捷方便。

注释，形象地说就像给程序蒙上一层隐身衣，使程序编译器看不到它，但编程人员可以看见。在程序被编译成为机器可识别的二进制代码时，是不会对注释内容进行操作的，即注释的内容不会被编译。

使用“/**/”来进行注释的问题是显而易见的，因为它需要“/*”和“*/”一一对应，不允许嵌套和包含（如果无意间形成了包含，只有最外层的符号产生作用），类似于“{ }”。但是，后者在很多代码编辑软件中是可以检测到是否配对的，也可以显示出其明显的嵌套关系；而注释符号不会被检测出来，它们是否一一对应不得而知，因而是否有包含、遗漏、错误等也都难以发现。如果某个程序段中因为程序员在调试过程中偶然注释失误，则可能让程序段多出来一些或者少一些程序段，从而导致未知的错误。

2.2.3　预处理命令

预处理是指在进行编译的第一遍扫描之前所做的工作。预处理是 C 语言的一个重要功能，它由预处理程序负责完成。当对一个源文件进行编译时，系统将自动引用预处理程序对源程序中的预处理部分进行处理，处理完毕自动进入对源程序的编译。

C 语言提供了多种预处理功能，如宏定义、文件包含、条件编译等。合理地使用预处理功能，可使编写的程序便于阅读、修改、移植和调试，也有利于模块化程序设计。

```
2  | #include<math.h>
3  | #include<stdio.h>
4  | #define PI 3.14
```

实例 1 的第 2～4 行，即在 main()函数之前的 3 行称为预处理命令。这里的 include 称为文件包含命令，其意义是把尖括号“<>”或引号“""”内指定的文件包含到本程序中，成为本程序的一部分。被包含的文件通常是由系统提供的，其扩展名为.h，因此其也称为头文件或首部文件。C 语言的头文件中包括各个标准库函数的函数原型。因此，凡是在程序中调用一个库函数时，都必须包含该函数原型所在的头文件。

本实例中使用了 3 个库函数：输入函数 scanf()、正弦函数 sin()和输出函数 printf()。sin()函数是数学函数，其头文件为 math.h 文件，因此在程序的主函数前用 include 命令包含了 math.h；scanf()和 printf()函数是标准输入/输出函数，其头文件为 stdio.h，因此在主函数前用 include 命令包含了 stdio.h 文件。

2.2.4　main()函数

```
5  | void main()
6  | {
7  |     double x,s;
8  |     printf("输入角的度数:");
9  |     scanf("%lf",&x);
10 |     s=sin(x/180*PI);
11 |     printf(" %lf 度角的正弦值为: %lf\n",x,s);
12 | }
```

实例 1 的第 5 行为函数头，第 6～12 行为函数体。

2.2.5　标识符与关键字

1. 标识符

C 语言标识符用来标识变量、函数，或任何其他用户自定义项目的名称。一个标识符以字母 A～Z、a～z 或下划线“_”开始，后跟零个或多个字母、下划线和数字（0～9）。

C 语言标识符内不允许出现标点字符，如@、$和%。C 语言是区分字母大小写的编程语言，因此在 C 语言中，Manpower 和 manpower 是两个不同的标识符。下面列出几个有效的标识符：mohd、zara、abc、move_name、a_123、myname50、 _temp、j、a23b9、retVal。

2. 关键字

表2-1所示为C语言中的关键字，这些关键字不能作为常量名、变量名或其他标识符名称。

表2-1 C语言中的关键字

auto	else	long	switch
break	enum	register	typedef
case	extern	return	union
char	float	short	unsigned
const	for	signed	void
continue	goto	sizeof	volatile
default	if	static	while
do	int	struct	
double			

2.2.6 变量定义语句

```
7 |     double x,s;
```

C语言规定，源程序中所有用到的变量都必须先声明，后使用，否则将会出错。这是编译型高级程序设计语言的一个特点，与解释型的BASIC语言是不同的。声明部分是C语言源程序结构中很重要的组成部分。实例1中使用了两个变量x、s，用来表示输入的自变量和sin()函数值。由于sin()函数要求这两个量必须是双精度浮点型，因此用类型说明符double来说明这两个变量。

任何一种编程语言都离不开变量，特别是数据处理型程序，变量的使用非常频繁，没有变量参与程序甚至无法编译，即使编译后运行，意义也不大。变量之所以重要，是因为其是编程语言中数据的符号标识和载体。

C语言是一种应用广泛的善于实现控制的语言，变量在C语言中的应用更是灵活多变。那么变量究竟是什么呢？变量是内存或寄存器中用一个标识符命名的存储单元，可以用来存储一个特定类型的数据，并且数据的值在程序运行过程中可以修改。可见，变量是一个标识符或者名称，就像一个客房的编号一样，有了这个编号我们在交流中就可方便言表，否则只可意会，非常不方便。为了方便，在给变量命名时最好能符合大多数人的习惯，基本可以望名知义，便于交流和维护。

一旦定义了变量，那么变量就至少可提供两个信息：一是变量的地址，即操作系统为变量在内存中分配的若干内存的首地址；二是变量的值，即变量在所分配的内存单元中存放的数据。

2.2.7　赋值语句

```
10 │    s=sin(x/180*PI);
```

赋值语句用来给某一个变量赋一个具体的确定值。在算法语句中，赋值语句是最基本的语句，是由赋值表达式加上分号构成的表达式语句。其一般形式如下：

变量=表达式;

2.2.8　函数

```
8  │    printf("输入角的度数:");
9  │    scanf("%lf",&x);
10 │    s=sin(x/180*PI);
11 │    printf(" %lf 度角的正弦值为：%lf\n",x,s);
```

实例 1 第 9 行的 scanf()和第 8、11 行的 printf()这两个函数分别称为格式输入函数和格式输出函数，其意义是按指定的格式输入、输出值。

函数是 C 语言程序中最基本的功能单位，是一个可以从程序其他地方调用执行的语句块。

C 语言是一种结构化程序设计语言，结构化程序设计思想是“分解”大问题，依次解决小问题，通过小问题的解决实现大问题的解决，而描述小问题解决方法的工具即是函数。

函数的定义格式如下：

```
type name ( argument1,argument2,…) statement
```

说明：

1）type：函数返回的数据类型。

2）name：函数被调用时使用的名称。

3）argument：函数调用时需要传入的参量（可以声明任意多个参量）。每个参量由一个数据类型后面跟一个标识名称组成，与变量声明类似（如 int x）。参量仅在函数范围内有效，可以和函数中的其他变量一样使用，它们使得函数在被调用时可以传入参数，不同的参数用逗号隔开。

4）statement：函数的内容。它可以是一句指令，也可以是一组指令组成的语句块。如果是一组指令，则语句块必须用花括号“{}”括起来，这也是最常见的情况。其实，为了使程序的格式更加统一清晰，建议在仅有一条指令时也使用花括号，这是一个良好的编程习惯。

2.2.9　C 语言程序的书写规则

C 语言程序的书写规则如下：

1）C 语言程序是由一个主函数和若干个其他函数组成的。

2）函数名后必须有小括号，函数体放在花括号内。

3）C 语言程序必须用小写字母书写。

4）每句末尾加分号。

5）可以一行多句。

6）可以一句多行。

7）可以在程序的任何位置添加注释。

思考与练习

1. 以下叙述中，正确的是（　　）。

   A. C 程序中注释部分可以出现在程序中任意合适的地方

   B. 花括号“{”和“}”只能作为函数体的定界符

   C. 构成 C 程序的基本单位是函数，所有函数名都可以由用户命名

   D. 分号是 C 语句之间的分隔符，不是语句的一部分

2. 以下叙述不正确的是（　　）。

   A. 一个 C 源程序可由一个或多个函数组成

   B. 一个 C 源程序必须包含一个 main()函数

   C. C 程序的基本组成单位是函数

   D. 在 C 程序中，注释说明只能位于一条语句的后面

2.3　实例 2：绘制西瓜

本节以绘制西瓜为例，介绍在 VC++环境下使用 EasyX 图形库绘制图形程序的基本方法，并讲解 C 语言的模块编程思想。

实例 2 代码如下。图 2-1 所示为运行结果。

```
1   #include<graphics.h>
2   #include<conio.h>
3   void main()
4   {
5       initgraph(400,300);
6       setorigin(200, 150);
7       setbkcolor(WHITE);
8       cleardevice();
9       setlinecolor(0x24c097);
10      setlinestyle(PS_SOLID | PS_ENDCAP_FLAT, 10);
11      setfillcolor(RED);
12      fillpie(125, 50, -125, -150, 3.14,0);
13      setfillcolor(BLACK);
14      solidcircle(-31, -16, 8);
15      solidcircle(-61, 11, 6);
16      solidcircle(31, -21, 9);
17      solidcircle(11, 21, 6);
18      solidcircle(81, -6, 7);
19      solidcircle(-91, -21, 5);
20      _getch();
21      closegraph();
22  }
```

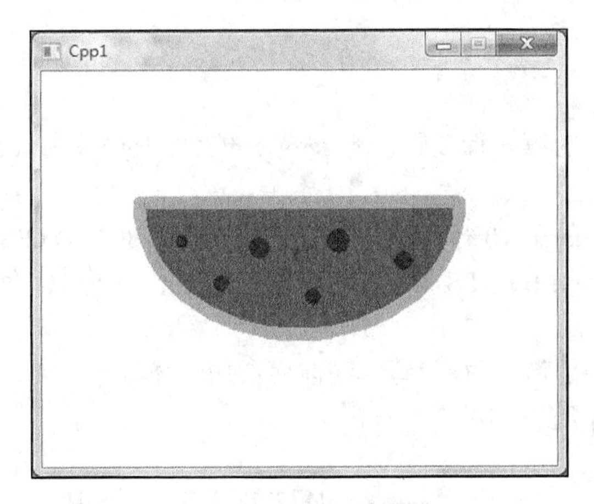

图 2-1　实例 2 运行结果

实例 2 代码与实例 1 代码不同，前者没有使用用户输入/输出函数，即没有使用 scanf()函数和 printf()函数，代码中没有变量和赋值语句。

实例 2 中使用了 graphics.h 头文件中绘制图形的函数，并在第 1 行代码中通过预处理命令 include 添加了该头文件声明；使用了 conio.h 头文件中控制输出的函数，并在第 2 行代码中通过预处理命令 include 添加了该头文件声明。

```
1    #include<graphics.h>
2    #include<conio.h>
```

实例 2 代码的第 3～22 行为 main()函数。其中第 3 行为函数头，第 4 行为函数体的开始，第 22 行为函数体的结束。第 5～21 行为 main()函数体中的语句，用若干个函数来绘制西瓜。这种通过使用函数库并利用库中函数进行编程的方法是 C 语言最重要的特点，称为模块编程。

```
3    void main()
4    {
5        initgraph(400,300);
6        setorigin(200, 150);
7        setbkcolor(WHITE);
8        cleardevice();
9        setlinecolor(0x24c097);
10       setlinestyle(PS_SOLID | PS_ENDCAP_FLAT, 10);
11       setfillcolor(RED);
12       fillpie(125, 50, -125, -150, 3.14,0);
13       setfillcolor(BLACK);
14       solidcircle(-31, -16, 8);
15       solidcircle(-61, 11, 6);
16       solidcircle(31, -21, 9);
17       solidcircle(11, 21, 6);
18       solidcircle(81, -6, 7);
19       solidcircle(-91, -21, 5);
20       _getch();
21       closegraph();
22   }
```

思考与练习

1. 修改实例2中的第6行代码，将setorigin(200, 150)改为setorigin(200, 50)，观察程序运行结果的变化。

2. 修改实例2中的第10行代码，将setlinestyle(PS_SOLID | PS_ENDCAP_FLAT, 10)改为setlinestyle(PS_SOLID | PS_ENDCAP_FLAT, 20)，即将10改为20，观察程序运行结果的变化。

3. 修改实例2中的第13行代码，在前面增加注释符号“//”，即将该行变成注释语句，观察程序运行结果的变化。

2.4 EasyX图形库元素分析

2.4.1 绘图坐标体系

EasyX中的坐标分为两种：物理坐标和逻辑坐标。

物理坐标是描述设备的坐标体系。坐标原点在屏幕左上角，X轴向右为正，Y轴向下为正，度量单位是像素。其坐标原点、坐标轴方向、缩放比例都不能改变。

逻辑坐标是程序中用于绘图的坐标体系。其默认原点在屏幕左上角，X轴向右为正，Y轴向下为正，度量单位是像素。

绘图窗口可以通过initgraph()函数设置，坐标原点可以通过setorigin()函数修改，坐标轴方向可以通过setaspectratio()函数修改，缩放比例可以通过setaspectratio()函数修改。例如，用如下代码创建大小为400像素×300像素的绘图窗口，设置屏幕中央(200,150)为原点(0, 0)（Y轴默认向下为正），如图2-2所示。

```
5        initgraph(400,300);
6        setorigin(200, 150);
```

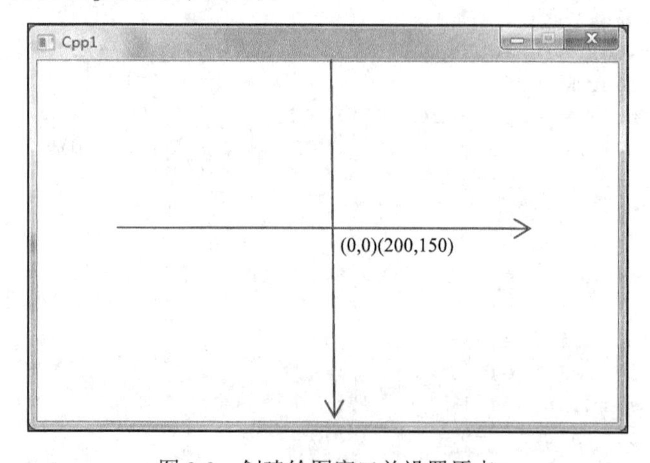

图2-2 创建绘图窗口并设置原点

实例2中的第5行代码使用了initgraph()函数，该函数用于初始化绘图环境，其具体定义如下。

```
void initgraph(int Width,int Height,int Style=NULL);
```

参数：Width 为绘图环境的宽度；Height 为绘图环境的高度；Style 为绘图环境的样式，默认为 NULL。

实例 2 中的第 6 行使用了 setorigin()函数，该函数用于设置坐标原点，其具体定义如下：

```
void setorigin(int x,int y);
```

参数：x 为原点的 x 坐标；y 为原点的 y 坐标。

2.4.2　颜色及相关函数

1. 颜色

EasyX 图形库使用 24bit 真彩色，不再支持调色板模式。EasyX 图形库中表示颜色的方法有以下几种：

1）用预定义颜色常量，多为颜色的英文名字。

2）用十六进制的颜色表示，形式为“0xbbggrr(bb=蓝，gg=绿，rr=红)”。

3）用 RGB 宏合成颜色，形如“RGB(r,g,b)”。

几种典型颜色的对照表如表 2-2 所示。

表 2-2　几种典型颜色的对照表

常量	RGB	值	颜色
BLACK	0,0,0	0	黑
DARKGRAY	84,84,84	0x545454	深灰
BLUE	0,0,168	0xA80000	蓝
GREEN	0,168,0	0x00A800	绿
CYAN	0,168,168	0xA8A800	青
RED	168,0,0	0x0000A8	红
MAGENTA	168,0,168	0xA800A8	紫
BROWN	168,84,0	0x0054A8	棕
YELLOW	255,255,84	0x54FCFC	黄
LIGHTGRAY	168,168,168	0xA8A8A8	浅灰
WHITE	255,255,255	0xFCFCFC	白

2. setbkcolor()函数

```
7  |     setbkcolor(WHITE);
```

setbkcolor()函数用于设置绘图界面的背景颜色。

实例 2 中的第 7 行代码设置绘图界面的背景颜色为 WHITE（白色）。

3. setlinecolor()函数

```
9  |     setlinecolor(0x24c097);
```

setlinecolor()函数用于设置画线的颜色。

实例 2 中的第 9 行代码设置画线的颜色为 0x24c097（绿色）。

4. setfillcolor()函数

```
11 |     setfillcolor(RED);
13 |     setfillcolor(BLACK);
```

setfillcolor()函数用于设置图形的填充颜色。

实例 2 中的第 11 行代码设置图形的填充颜色为 RED（红色），第 13 行代码设置图形的填充颜色为 BLACK（黑色）。

2.4.3 形状绘制函数

1. setlinestyle()函数

```
10 |     setlinestyle(PS_SOLID | PS_ENDCAP_FLAT, 10);
```

定义：

```
void setlinestyle(int linestyle, unsigned pattern,int Width);
```

功能：设置当前画线的宽度和类型。

参数：linestyle 为整型，用来定义所绘制直线类型；pattern 为无符号整型，该参数在需要用户自定义线型时使用，如果使用系统预定义的线型，则 pattern 取 0；Width 为整型，用来指定所绘制直线的粗细。

实例 2 中的第 10 行代码设置线条样式为宽度为 10 的实线。

2. fillpie()函数

```
12 |     fillpie(125, 50, -125, -150, 3.14,0);
```

定义：

```
void fillpie ( int x, int y, int Width, int Height, int startAngle, int
sweepAngle);
```

功能：填充由一对坐标、一个宽度、一个高度以及两条射线指定的椭圆定义的扇形区的内部。

参数：x 和 y 为坐标；Width 和 Height 为宽度和高度；startAngle 和 sweepAngle 为从 x 轴沿顺时针方向旋转到扇形区第一个边和第二个边所测得的角度（以°为单位）。

实例 2 中的第 12 行代码绘制了半个填充的椭圆。因第 9 行设置线的颜色为绿色，第 10 行设置线宽为 10，第 11 行设置填充色为红色，所以第 12 行绘制了绿色外框、红色填充的半个椭圆，即半个西瓜。

3. solidcircle()函数

```
14 |     solidcircle(-31, -16, 8);
15 |     solidcircle(-61, 11, 6);
16 |     solidcircle(31, -21, 9);
17 |     solidcircle(11, 21, 6);
```

```
18 |     solidcircle(81, -6, 7);
19 |     solidcircle(-91, -21, 5);
```

定义：

```
void solidcircle(int x, int y, int radius);
```

功能：绘制以(x,y)为圆心，radius为半径，无边框的填充圆。

参数：x为圆心的x坐标；y为圆心的y坐标；radius为圆的半径。

实例2中的第14～19行分别绘制了6个不同位置和大小的圆。因为第13行设置填充色为黑色，所以分别绘制了6个黑色的填充圆，即西瓜籽。

思考与练习

1. 在白色界面使用circle()函数绘制一个圆。
2. 在白色界面使用circle()函数绘制7个七彩的同心圆。
3. 在白色界面使用line()函数绘制五线谱。

2.5　函数库1：graphics库函数

图形环境函数如表2-3所示。

表2-3　图形环境函数

函数	描述
clearcliprgn()	清空裁剪区的屏幕内容
cleardevice()	清除屏幕内容。具体地，是用当前背景色清空屏幕，并将当前点移至(0,0)
closegraph()	关闭图形环境
GetHWnd()	获取绘图窗口句柄
graphdefaults()	重置视图、当前点、绘图色、背景色、线型、填充类型、字体为默认值
initgraph()	初始化绘图环境
origin()	设置坐标原点

颜色设置函数如表2-4所示。

表2-4　颜色设置函数

函数	描述
getbkcolor()	获取当前绘图背景色
getcolor()	获取当前绘图前景色
RGB()	通过红、绿、蓝颜色分量合成颜色
setbkcolor()	设置当前绘图背景色
setcolor()	设置当前绘图前景色

绘制图形相关函数如表2-5所示。

表 2-5　绘制图形相关函数

函数	描述
arc()	绘制椭圆弧
bar()	绘制无边框填充矩形
bar3d()	绘制有边框的三维填充矩形
circle()	绘制圆
drawpoly()	绘制多边形
ellipse()	绘制椭圆
fillcircle()	绘制填充圆
fillellipse()	绘制填充的椭圆
fillpoly()	绘制填充的多边形
intgety()	获取当前 y 坐标
line()	绘制线。还可以用 linerel()和 lineto()函数绘制线
lineto()	绘制线。还可以用 line()和 linerel()函数绘制线
moveto()	移动当前点。还可以用 moverel()函数设置当前点
putpixel()	绘制点
rectangle()	绘制空心矩形
setlinestyle()	设置当前线型

文字输出相关函数如表 2-6 所示。

表 2-6　文字输出相关函数

函数	描述
getfont()	获取当前字体样式
logfont()	保存字体样式的结构体
outtext()	在当前位置输出字符串
outtextxy()	在指定位置输出字符串
drawtext()	在指定区域内以指定格式输出字符串
setbkmode()	设置输出文字时的背景模式
setfont()	设置当前字体样式
textheight()	获取字符串实际占用的像素高度
textwidth()	获取字符串实际占用的像素宽度

图像处理相关函数如表 2-7 所示。

表 2-7　图像处理相关函数

函数	描述
image()	保存图像的对象
loadimage()	读取图片文件
saveimage()	保存绘图内容至图片文件

续表

函数	描述
getimage()	从当前绘图设备中获取图像
putimage()	在当前绘图设备上绘制指定图像
GetWorkingImage()	获取指向当前绘图设备的指针
rotateimage()	旋转 image 中的绘图内容
SetWorkingImage()	设定当前绘图设备
Resize()	调整指定绘图设备的尺寸
GetImageBuffer()	获取绘图设备的显存指针
GetImageHDC()	获取绘图设备句柄

鼠标相关函数如表 2-8 所示。鼠标消息缓冲区可以缓冲 63 个未处理的鼠标消息。每一次 GetMouseMsg()函数将从鼠标消息缓冲区取出一个最早发生的消息。当鼠标消息缓冲区满了以后，将不再接收任何鼠标消息。

表 2-8　鼠标相关函数

函数	描述
FlushMouseMsgBuffer()	清空鼠标消息缓冲区
GetMouseMsg()	获取一个鼠标消息
MouseHit()	检测当前是否有鼠标消息
MOUSEMSG()	保存鼠标消息的结构体

其他函数如表 2-9 所示。

表 2-9　其他函数

函数	描述
BeginBatchDraw()	开始批量绘图
EndBatchDraw()	结束批量绘制，并执行未完成的绘制任务
FlushBatchDraw()	执行未完成的绘制任务
InputBox()	以对话框形式获取用户输入

思考与练习

1. 设置绘图的背景颜色为黑色。
2. 哪个函数能绘制多边形？请绘制一个六边形。
3. 简述 line()函数和 lineto()函数的区别。这两个函数分别适用于什么情况？

程 序 练 习

一、程序填空

补充程序，绘制同心圆。

```
#include<conio.h>
_______________________
void main()
{
    initgraph(640,480);
    setorigin(320,240);
    setbkcolor(WHITE);
    cleardevice();
    circle(0, 0, 50);
    ___________________
    circle(0, 0, 150);
    getch();
    closegraph();
}
```

二、程序改错

输入下面的程序，改正错误后编译并运行程序。

```
#include<math.h>
#include<stdio.h>
#define PI 3.14
void main()
{
    double x,s;
    printf("输入角的度数:");
    scanf("%lf",x);
    s=sin(x/180*PI);
    printf(" %lf 度角的正弦值为：%lf\n",x,s);
}
```

三、程序设计

查阅绘图函数，自主设计图形并完成绘制。

第3章 数据类型和表达式

学习目标

1）了解常用数据类型在计算机中的表示方法。

2）掌握常用数据类型的概念和使用。

3）运用 math 库进行数值计算。

4）掌握常量、变量和运算符的使用。

在进行程序设计时，很多代码会涉及数据类型、运算符和表达式的相关知识。计算机程序设计涉及两个基本问题，一个是数据的描述，另一个是具体操作的描述。不同的数据，由于在计算机中的存储形式不同，因此对这些数据的具体操作也有所不同。本章主要介绍C语言的数据类型、常量和变量、运算符和表达式及数据类型转换。

3.1 C语言的数据类型

在程序设计时，要表现数据，必须指定其数据类型。数据类型是按被定义变量的性质、表示形式、占据存储空间的多少和构造特点来划分的。数据类型决定了数据在内存的空间大小、数据的表示形式、数据的取值范围及可参与运算的种类。C语言的数据类型丰富，可划分为基本类型、枚举类型、空类型和派生类型等，可以表示复杂的数据结构，如图3-1所示。

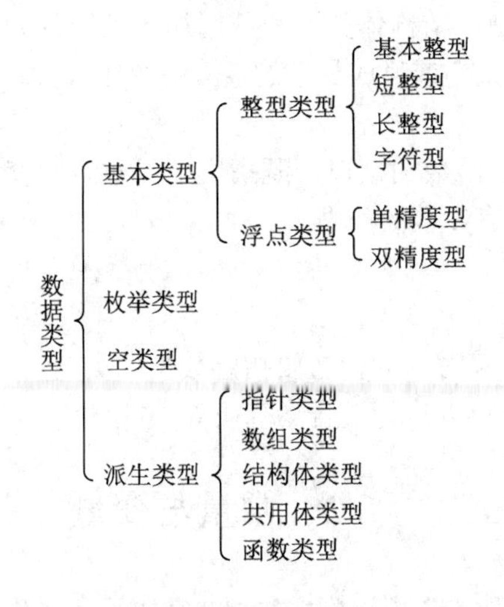

图3-1 C语言的数据类型

1. 基本类型

基本类型是算术类型，包括整型类型和浮点类型。基本类型的数据不可以再分解为其他类型数据。

2. 枚举类型

枚举类型也是算术类型，用来定义在程序中只能赋予其一定的离散整数值的变量。声明枚举类型时用 enum 开头，枚举就是指将可能的值一一列举出来，变量的值只限于列举出来的值的范围内。

3. 空类型

空类型的类型说明符为 void，通常有以下 3 种情况：

1）函数返回值为空类型。在调用函数时，通常应向调用者返回一个具有一定数据类型的函数值，该返回的函数值的类型应在函数定义及函数声明中加以说明。但是，也有一类函数被调用后并不需要向调用者返回函数值，这种函数可以定义为空类型。

2）函数参数为空类型。C 语言中有个别函数不接受任何参数，如随机数函数 int rand(void)。

3）指针指向 void。类型为 void *的指针代表对象的地址，而不是类型，如内存分配函数 void *malloc(size_t size)。

4. 派生类型

派生类型包括指针类型、数组类型、结构体类型、共用体类型和函数类型。

1）指针类型是一种特殊的，同时又具有重要作用的数据类型，指针的值用来表示某个变量在计算机内存中的地址。

2）通常把数组类型、结构体类型和共用体类型统称为构造类型，构造类型的数据可以分解成若干个“元素”或“成员”的值，每个“成员”都是一个基本类型或又是一个构造类型。

3）函数类型描述了函数的接口，既指定了函数返回值的类型，又指定了在调用该函数时传递给函数的所有参数的类型。

思考与练习

1. 用计算机进行运算时，为什么要指定数据的类型？
2. 不同类型的数据可以进行混合运算吗？

3.2 常量与变量

C 语言不仅提供了基本类型、枚举类型、空类型和派生类型等多种数据类型，还提供了构造更加复杂的用户自定义数据结构的机制。不同类型的数据在计算机中所占的存储空间及数据组织方式不同，它们的取值范围及精度也不相同。

基本类型的数据又可分为常量和变量，它们可与数据类型结合起来分类，即整型常量、整型变量、实型（浮点型）常量、实型（浮点型）变量、字符常量、字符变量等。

3.2.1　常量

常量是在程序运行过程中数值不能发生改变的量，常量可以直接使用（符号常量除外）。根据数据类型的不同，可以将常量分为两种：直接常量和符号常量。

1. 直接常量

直接常量又可以分为整型常量、实型常量、字符常量和字符串常量。其中，整型常量和实型常量合在一起称为数值型常量，字符常量和字符串常量合在一起称为字符型常量。

（1）整型常量

整型常量就是整常数，由一个或多个数字组成，可以带正负号。C 语言中，整型常量可用十进制、八进制和十六进制 3 种形式表示。

1）十进制整型常量：由数字 0～9 组成，不能以 0 开始，没有前缀。例如，十进制整型常量 123、十进制整型常量-45。

2）八进制整型常量：以 0 为前缀，其后由数字 0～7 组成，没有小数部分。例如，八进制整型常量 017（对应的十进制整型常量为 15）、八进制整型常量-025（对应的十进制整型常量为-21）。

3）十六进制整型常量：以 0x 或 0X 开头，其后由数字 0～9 和字母 a～f（或 A～F）组成。例如，十六进制整型常量 0x1A（对应的十进制整型常量为 26）、十六进制整型常量-0x2F（对应的十进制整型常量为-47）。

整型常量可以带一个后缀 U 或 L（u 或 l），U 表示无符号整型常量（unsigned），L 表示长整型常量（long）。例如，十进制长整型常量 123L、八进制长整型常量 017L、十六进制长整型常量 0x1AL、无符号整型常量 123u。整型常量也可以带两个后缀 UL（或 ul），U 和 L 的顺序不限。例如，无符号长整型常量 123ul。

（2）实型常量

实型常量也称为实数或浮点数，由整数部分、小数点、小数部分和指数部分组成。C 语言中，实型常量可用十进制小数形式和指数形式表示。

对于十进制小数形式表示的实数，必须有小数点。例如，2.26、3.14、.345、10.0 都是用十进制小数形式表示的实数。

对于指数形式表示的实数，要用到字符 E（或 e），并且在字符 E 之前必须有数字，字符 E 后面的指数必须为整数。例如，2.26E3、0.13e-4、10.20e5 都是用指数形式表示的实数。

（3）字符常量

字符常量是用一对单引号括起来的一个字符，字符常量代表 ASCII（American Standard Code for Information Interchange，美国标准信息交换代码）字符集中的一个字符，大小写字母代表不同的字符常量。例如，'A'、'a'、'9'、'+'、'&'、'!'等都是字符常量，字符常量'A'的 ASCII 码值是 65，字符常量'a'的 ASCII 码值是 97。

转义字符也是字符常量的一种表示形式，是用反斜线“\”开头引导的一个字符或数字序列。反斜线后面的字符具有特殊的含义，如转义字符'\n'的 ASCII 码值是 10，用于换行符，表示将当前的输出位置移到下一行；转义字符'\x1A'表示两位十六进制整常数 1A，对应十进制整常数 26，在 ASCII 字符集中对应控制字符（SUB）。C 语言的转义字符及其含义如表 3-1 所示。

表 3-1　C 语言的转义字符及其含义

转义字符	含义	ASCII 码值
\0	空字符（NULL）	0
\a	响铃（BEL）	7
\b	退格（BS），将当前位置移到前一列	8
\t	水平制表（HT），跳到下一个 Tab 位置	9
\n	换行（LF），将当前位置移到下一行开头	10
\v	垂直制表（VT）	11
\f	换页（FF），将当前位置移到下页开头	12
\r	回车（CR），将当前位置移到本行开头	13
\"	代表一个双引号字符	34
\'	代表一个单引号（撇号）字符	39
\?	代表一个问号	63
\\	代表一个反斜线字符'\'	92
\ddd	1～3 位八进制数代表的任意字符	3 位八进制
\xhh	1～2 位十六进制数代表的任意字符	2 位十六进制

（4）字符串常量

字符串常量是用一对双引号括起来的字符序列。例如，"A"、"a"、"hello"、"How are you"等都表示字符串常量。

字符串常量和字符常量是两种不同的常量，在使用时需要注意以下几点：

1）字符常量用一对单引号括起来，字符串常量用一对双引号括起来。

2）字符常量只能是单个字符，占用 1 字节的内存空间。例如，字符常量'A'在内存中占 1 字节，字符常量'a'在内存中占 1 字节。字符串常量则可以含一个或多个字符，占用的内存空间字节数等于字符串中字符的个数加 1，增加的 1 字节用于存放字符'\0'（ASCII 码为 0），这是字符串结束的标志。例如，字符串常量"A"在内存中占 2 字节，字符串常量"a"在内存中占 2 字节，字符串常量"hello"在内存中占 6 字节。

3）可以把一个字符常量赋予一个字符变量，但不能把一个字符串常量赋予一个字符变量。在 C 语言中没有相应的字符串变量，而是用字符数组来存放字符串，这部分内容将在第 8 章中介绍。

2. 符号常量

符号常量是指用标识符来定义的常量，它代表的值在整个作用域内不能发生改变。

符号常量在使用之前必须定义，其一般形式如下：

```
#define 标识符 常量
```

其中，#define 是一条预处理命令，也称为宏定义命令。该命令的功能是把该标识符定义为其后的字符串。符号常量定义中的标识符一经定义，以后在程序中出现的所有该标识符均由指定的常量代替。

例 3-1 符号常量的应用举例。

```
#include<stdio.h>
#define PRICE 50
void main()
{
    int num,total;
    num=10;
    total=num* PRICE;
    printf("total=%d\n",total);
}
```

程序运行结果如下：

```
total=500
```

本例程序中，用预处理命令“#define PRICE 50”定义了符号常量 PRICE，符号常量 PRICE 由指定的常量 50 代替，并通过语句“total=num*PRICE;”求 total 的值。符号常量的标识符用大写字母表示，变量标识符用小写字母表示，以示区别。在程序中使用符号常量，既便于程序的修改，也提高了程序的可读性。

3.2.2 变量

变量是在程序运行过程中数值可以改变的量。在 C 语言中，所有的变量必须先定义，然后才能使用。定义变量时要为一个或多个变量指定一个相同数据类型，其一般形式如下：

```
类型标识符  变量名表;
```

每个变量都必须由类型标识符来指定特定的数据类型，类型标识符是系统关键字，代表 C 语言中的有效数据类型，由此决定数据在内存中的空间大小、表示形式、取值范围以及可参与运算的种类。变量名即变量的名字，是一个合法的标识符；变量名表由一个或多个合法的标识符组成，变量名之间用逗号分隔。变量定义最后以分号结束。

例如：

```
int a,b,c;          //定义 3 个变量，均为基本整型
float x,y,z;        //定义 3 个变量，均为单精度实型
char ch1,ch2;       //定义 2 个变量，均为字符型
```

程序中，在变量定义时可同时赋初值，也称为变量的初始化。其一般形式如下：

```
类型说明符 变量 1=值 1,变量 2=值 2,…;
```

注意：在变量定义中，需要初始化的变量要各自独立赋值，不允许连续赋值。

例如：

```
int a=3,b=3,c=3;     //合法
int a=b=c=3;         //不合法
```

定义变量时，可以部分初始化。例如：

```
float x=3.2,y=0.75,z;
```

定义变量时，如果部分变量没有赋初值，可以在使用时再进行赋值。

例 3-2 变量定义和赋值的应用举例。

```
#include<stdio.h>
void main()
{
    float x=3.2,y=0.75, z;
    z=x+y;
    printf("z=%f\n",z);
}
```

程序运行结果如下：

```
z=3.950000
```

本例程序中，变量 x 和变量 y 在定义时赋初值，变量 z 在定义时未赋初值，在使用时通过赋值表达式为变量 z 赋值，即把算术表达式 x+y 的结果赋给变量 z。需要注意的是，输出变量 z 的值时，要考虑变量 z 的数据类型和输出格式是否匹配，定义变量 z 为 float，应使用格式输出函数 printf()以%f 格式输出变量 z 的值。

变量必须先定义，后使用。只有通过变量定义，系统在编译时才能根据指定的数据类型为变量分配相应的存储空间，并决定其存储方式和允许的操作。变量数据类型及所占内存的字节数和数的表示范围如表 3-2 所示。

表 3-2 变量数据类型及所占内存的字节数和数的表示范围

变量数据类型	类型说明符	字节数	数的表示范围
基本整型	int	2	-32768～+32767
短整型	short	2	-32768～+32767
长整型	long	4	-2147483648～+2147483647
字符型	char	1	-128～+127
无符号基本整型	unsigned int	2	0～65535
无符号短整型	unsigned short	2	0～65535
无符号长整型	unsigned long	2	0～4294967295
无符号字符型	unsigned char	1	0～255
单精度实型	float	4	-3.4×10^{-38}～$+3.4\times10^{+38}$
双精度实型	double	8	1.7×10^{-308}～$1.7\times10^{+308}$

表 3-2 介绍的变量数据类型是基本的变量类型，C 语言也允许定义各种其他类型的变量，如数组、指针、结构体、共用体和枚举类型等，这些内容将会在后续章节中说明。

例 3-3 测试变量数据类型长度的应用举例。

```
#include<stdio.h>
void main()
```

```
{
    printf("基本整型int所占内存字节数：%d\n",sizeof(int));
    printf("字符型char所占内存字节数：%d\n",sizeof(char));
    printf("双精度实型double所占内存字节数：%d\n",sizeof(double));
    printf("无符号短整型unsigned short所占内存字节数：%d\n",sizeof(unsigned
short));
}
```

程序运行结果如下：

```
基本整型int所占内存字节数：2
字符型char所占内存字节数：1
双精度实型double所占内存字节数：8
无符号短整型unsigned short所占内存字节数：2
```

本例程序中，测定不同类型数据的字长用系统提供的函数sizeof()实现，函数的返回值，即变量数据类型的长度是十进制整数，用格式输出函数printf()以%d格式输出。

思考与练习

1. 浮点数可以表示整数，C语言为何要同时提供整数和浮点数两种数据类型？
2. C语言中23的八进制和十六进制分别表示什么？

3.3　实例3：绘制幂函数图形

一般地，形如$y=x^{\alpha}$（α为有理数）的函数，即以底数为自变量，幂为因变量，指数为常数的函数称为幂函数。例如，函数$y=x^0$、$y=x^1$、$y=x^2$、$y=x^{-1}$等都是幂函数。本节绘制二次幂函数的图形，即$y=x^2$的图形。

实例3代码如下：

```
1    #include<graphics.h>
2    #include<conio.h>
3    #include<math.h>
4    void main()
5    {
6        initgraph(460,300);
7        setorigin(230, 200);
8        setbkcolor(WHITE);
9        cleardevice();
10       setlinecolor(BLACK);
11       line(-200,0,200,0);
12       line(0,-180,0,100);
13       int x,y;
14       x=-12;y=pow(x,2);
15       moveto(5*x,-y);
16       setlinecolor(0x24c097);
17       setlinestyle(PS_SOLID | PS_ENDCAP_FLAT, 2);
18       for(x=-12;x<=12;x++)
19       {   y=pow(x,2);
20           lineto(5*x,-y);
```

```
21        }
22        _getch();
23        closegraph();
24    }
```

程序运行结果如图 3-2 所示。

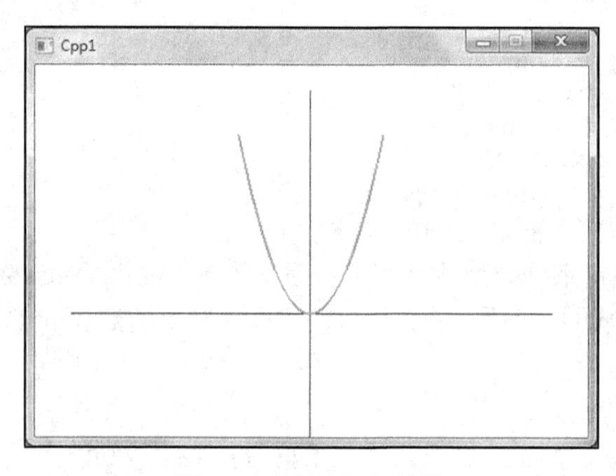

图 3-2　实例 3 运行结果

1）包含所需头文件：

```
1    #include<graphics.h>
2    #include<conio.h>
3    #include<math.h>
```

2）初始化绘图环境：

```
6        initgraph(460,300);
7        setorigin(230, 200);
8        setbkcolor(WHITE);
9        cleardevice();
```

3）绘制坐标轴：

```
10       setlinecolor(BLACK);
11       line(-200,0,200,0);
12       line(0,-180,0,100);
```

4）设置变量及起点坐标：

```
13       int x,y;
14       x=-12;y=pow(x,2);
15       moveto(5*x,-y);
```

5）设置颜色、线型和线宽：

```
16       setlinecolor(0x24c097);
17       setlinestyle(PS_SOLID | PS_ENDCAP_FLAT, 2);
```

6）绘制二次幂曲线。根据 x 的值用 pow(x,2)函数求得对应 y 的值，利用循环求出各点的坐标并用 lineto()函数连线，绘制出图形。

```
18       for(x=-12;x<=12;x++)
19       {   y=pow(x,2);
20           lineto(5*x,-y);
21       }
```

思考与练习

1. 实例 3 绘制的图形开口较小，修改程序使开口变大。
2. 分别绘制 $y=x^1$ 和 $y=x^3$ 函数图像。

3.4　运算符和表达式

在 C 语言程序中，除了控制语句和输入/输出语句以外，绝大多数的操作由运算符来完成。运算符是描述运算的符号，运算量是被运算的对象，即操作数，表达式是由运算符和运算量组成的式子。运算量可以是常量、变量和函数，单个的常量、变量和函数可以看作表达式的特例。每个表达式都有特定的值及类型，表达式的值和类型就是表达式的运算结果的值和类型。

C 语言共有 34 种运算符，根据运算符的性质可划分为算术运算符、关系运算符、逻辑运算符、赋值运算符、位运算符和条件运算符等，根据操作数的个数可划分为单目运算符、双目运算符和三目运算符。C 语言的运算符具有不同的优先级和结合性，在表达式中，各运算量参与运算的先后顺序不仅要遵守运算符优先级的规定，还要受运算符结合性的制约。C 语言的运算符优先级和结合性如表 3-3 所示。

表 3-3　C 语言的运算符优先级和结合性

<table>
<tr><th>优先级</th><th>运算符</th><th>结合性</th></tr>
<tr><td>1</td><td>()、[]、−、>.</td><td>从左到右</td></tr>
<tr><td>2</td><td>!、～、++、--、-、(type)、*、&、sizeof</td><td>从右到左</td></tr>
<tr><td>3</td><td>*、/、%</td><td>从左到右</td></tr>
<tr><td>4</td><td>+、-</td><td>从左到右</td></tr>
<tr><td>5</td><td><<、>></td><td>从左到右</td></tr>
<tr><td>6</td><td><、<=、>、>=</td><td>从左到右</td></tr>
<tr><td>7</td><td>==、!=</td><td>从左到右</td></tr>
<tr><td>8</td><td>&</td><td>从左到右</td></tr>
<tr><td>9</td><td>^</td><td>从左到右</td></tr>
<tr><td>10</td><td>|</td><td>从左到右</td></tr>
<tr><td>11</td><td>&&</td><td>从左到右</td></tr>
<tr><td>12</td><td>||</td><td>从左到右</td></tr>
<tr><td>13</td><td>?:</td><td>从右到左</td></tr>
<tr><td>14</td><td>=、+=、-=、*=、/=、%=、>>=、<<=、&=、^=、|=</td><td>从右到左</td></tr>
<tr><td>15</td><td>,</td><td>从左到右</td></tr>
</table>

由表 3-3 可见，C 语言的运算符优先级由高到低共分为 1～15 级。在表达式中，各运算量参与运算的先后顺序由运算符的优先级决定，优先级较高的运算符先于优先级较低的运算符进行运算；当一个运算量两侧的运算符优先级相同时，则按运算符的结合性规定的结合方向进行运算。多数运算符具有左结合性，单目运算符、三目运算符、赋值运算符具有右结合性。

3.4.1 算术运算符和算术表达式

算术运算符用于数据的算术运算，用算术运算符把运算对象连接起来形成的符合 C 语言语法规则的式子称为算术表达式。表 3-4 中所示为常用的算术运算符及其含义。

表 3-4 常用的算术运算符及其含义

算术运算符	含义
++	自增运算符
--	自减运算符
-	负号运算符
*	乘法运算符
/	除法运算符
%	求余运算符
+	加法运算符
-	减法运算符

例 3-4 算术运算符（负号、加法、减法、乘法、除法、求余运算符）的应用举例。

```
#include<stdio.h>
void main()
{
    int a,b,c;
    a=11;
    b=10;
    c=-a;
    printf("-a=%d\n", c);
    c=a+b;
    printf("a+b=%d\n", c);
    c=a-b;
    printf("a-b=%d\n", c);
    c=a*b;
    printf("a*b=%d\n", c );
    c=a/b;
    printf("a/b=%d\n", c );          //先求 a 除 b 的商，然后赋值给 c
    c=a%b;
    printf("a%b=%d\n", c );          //先求 a 除 b 的余数，然后赋值给 c
}
```

程序运行结果如下：

```
-a=-11
a+b=21
a-b=1
a*b=110
a/b=1
a%b=1
```

本例程序中，需要注意除法运算符和求余运算符的应用：

1）关于除法运算符的应用：如果两操作数均为整数，则其结果为整型；如果其中一个操作数为实型，则其结果为双精度实型。例如，6/4=1，而 6.0/4 =1.0。

2）关于求余运算符的应用：求余运算符两侧的操作数必须为整数，运算结果为两个操作数整除后的余数，余数的符号与被除数符号相同。例如，12%(−7)=5，而(−12)% 7=−5。

例 3-5　算术运算符（自增和自减运算符）的应用举例。

```
#include<stdio.h>
void main()
{
    int a,c;
    a=10;
    c=a++;
    printf("先赋值后自增 c=%d,a=%d\n",c,a);    //a 的值先赋给 c，然后 a 自增 1
    a=10;
    c=a--;
    printf("先赋值后自减 c=%d,a=%d\n",c,a);    //a 的值先赋给 c，然后 a 自减 1
    a=10;
    c=++a;
    printf("先自增后赋值 c=%d,a=%d\n",c,a);    //a 先自加 1，然后把 a 的值赋给 c
    a=10;
    c=--a;
    printf("先自减后赋值 c=%d,a=%d\n",c,a);    //a 先自减 1，然后把 a 的值赋给 c
}
```

程序运行结果如下：

```
先赋值后自增 c=10,a=11
先赋值后自减 c=10,a=9
先自增后赋值 c=11,a=11
先自减后赋值 c=9,a=9
```

本例程序中，需要注意自增和自减运算符都是单目运算符，只能由一个变量作为操作数。如果变量出现在自增或自减运算符之前，要先引用变量，然后自增 1 或自减 1；如果变量出现在自增或自减运算符之后，则该变量先自增 1 或自减 1，然后被引用。

3.4.2　赋值运算符和赋值表达式

常用的赋值运算符及其含义如表 3-5 所示，赋值运算符用于数据的赋值运算，简单的赋值运算符为“=”。用赋值运算符把运算对象连接起来形成的符合 C 语言语法规则的式子称为赋值表达式。赋值表达式的一般形式如下：

变量=表达式

表 3-5　常用的赋值运算符及其含义

赋值运算符	含义
=	简单的赋值运算符，把右边操作数的值赋给左边操作数
+=	加且赋值运算符，把右边操作数加上左边操作数的结果赋值给左边操作数
−=	减且赋值运算符，把左边操作数减去右边操作数的结果赋值给左边操作数

续表

赋值运算符	含义
*=	乘且赋值运算符，把右边操作数乘以左边操作数的结果赋值给左边操作数
/=	除且赋值运算符，把左边操作数除以右边操作数的结果赋值给左边操作数
%=	求模且赋值运算符，求两个操作数的模赋值给左边操作数
<<=	左移且赋值运算符
>>=	右移且赋值运算符
&=	按位与且赋值运算符
^=	按位异或且赋值运算符
|=	按位或且赋值运算符

赋值表达式的功能是先计算出赋值运算符（=）右侧表达式的值，再将表达式的值赋给赋值运算符（=）左侧的变量，赋值表达式中赋值运算符（=）左侧只能是变量。例如，“x=5;y=x+3;”，其结果是先把5赋给变量x，然后把x的值5与3相加的和8赋给变量y。

C语言中常用的赋值运算符，除了简单的赋值运算符（=）以外，还有复合赋值运算符，如+=、-=、*=、/=、%=、<<=、>>=、&=、^=、|=等。在赋值运算符（=）之前加上其他双目运算符可以构成复合赋值运算符，复合赋值表达式的一般形式如下：

变量 双目运算符=表达式

等效于

变量=变量 双目运算符 表达式

例如，“x+=5;”等价于“x=x+5;”。

例3-6 复合赋值运算符（+=、-=、*=、/=、%=）的应用举例。

```
#include<stdio.h>
void main()
{
    int a=21;
    int c;
    c=a;
    printf("简单赋值运算 c=%d\n",c );
    c+=a;
    printf("加且赋值运算 c=%d\n",c );
    c-=a;
    printf("减且赋值运算 c=%d\n",c );
    c*=a;
    printf("乘且赋值运算 c=%d\n",c );
    c/=a;
    printf("除且赋值运算 c=%d\n",c );
    c%=a;
    printf("求模且赋值运算 c=%d\n",c );
}
```

程序运行结果如下：

```
简单赋值运算 c=21
加且赋值运算 c=42
```

```
减且赋值运算 c=21
乘且赋值运算 c=441
除且赋值运算 c=21
求模且赋值运算 c=0
```

本例程序中，除了简单的赋值运算符（=）以外，复合赋值运算符（+=、-=、*=、/=、%=）也经常在程序中出现，因而要充分理解复合赋值运算符的含义并正确应用。其他的复合赋值运算符（<<=、>>=、&=、^=、|=）在此只需掌握其含义即可，在学习 3.4.4 节的位运算符和位运算表达式之后再进行举例应用。

3.4.3　逗号运算符和逗号表达式

C 语言提供了一种特殊的运算符——逗号运算符，其优先级最低，将两个及以上的式子连接起来组成逗号表达式。逗号表达式从左向右逐个计算各个表达式的值，整个表达式的值为最后一个表达式的值。逗号表达式的一般形式如下：

```
表达式 1,表达式 2,表达式 3,…,表达式 n
```

其求值过程是逐个求表达式 1 的值、表达式 2 的值、表达式 3 的值、…、表达式 n 的值，表达式 n 的值作为整个逗号表达式的值。

例如，逗号表达式(3+7,6+5)的结果为 11，其求解过程为先求表达式 1 的值为 10，后求表达式 2 的值为 11，整个逗号表达式的结果是表达式 2 的值。

又如，b=(a=3*5,a*4)是一个赋值表达式，赋值运算符右侧(a=3*5,a*4)是一个逗号表达式，先求逗号表达式(a=3*5,a*4)的值为 60，然后赋给赋值运算符左侧的变量 b。

注意：*并不是在所有出现逗号的地方都组成逗号表达式，如在变量声明中，函数参数表中的逗号只是用作各变量之间的间隔符。*

例 3-7　逗号运算符及逗号表达式的应用举例。

```
#include<stdio.h>
void main()
{
    int a=2,b=4,c=6,x,y;
    y=((x=a+b) , (b+c));
    printf("y=%d,x=%d\n",y,x);
}
```

程序运行结果如下：

```
y=10,x=6
```

本例程序中，整个逗号表达式（(x=a+b), (b+c)）的值是最后一个表达式(b+c)的值 10。如果语句“y=((x=a+b) , (b+c));”改写为“y=(x=a+b) , (b+c);”，那么该逗号表达式的值仍然是 10，但是没有赋值给任何变量。

3.4.4　位运算符和位运算表达式

位运算符作用于位，并逐位执行操作。参与位运算的操作数只能是整型或字符型数据，位运算把运算对象视为由二进制位组成的位串信息，按位完成指定的运算。常用的位运算符及其含义如表 3-6 所示。

表 3-6　常用的位运算符及其含义

运算符	含义
&	按位与运算符，按二进制位进行“与”运算
|	按位或运算符，按二进制位进行“或”运算
^	按位异或运算符，按二进制位进行“异或”运算
～	按位取反运算符，按二进制位进行“取反”运算
<<	二进制左移运算符，左操作数的值向左移动右操作数指定的位数
>>	二进制右移运算符，左操作数的值向右移动右操作数指定的位数

1. 按位与运算符

按位与运算符“&”将参与运算的两个操作数按对应的二进位进行“与”运算，并遵循以下规则：

0&0=0；

0&1=0；

1&0=0；

1&1=1。

只有对应的两个二进位均为 1 时，结果位才为 1，否则为 0。参与运算的数以补码形式出现。

2. 按位或运算符

按位或运算符“|”将参与运算的两个操作数按对应的二进位进行“或”运算，并遵循以下规则：

0|0=0；

0|1=1；

1|0=1；

1|1=1。

只要对应的两个二进位有一个为 1，结果位就为 1。参与运算的数以补码形式出现。

3. 按位异或运算符

按位异或运算符“^”将参与运算的两个操作数按对应的二进位进行“异或”运算，并遵循以下规则：

0^0=0；

0^1=1；

1^0=1；

1^1=0。

只有对应的两个二进位相异时结果位才为 1，否则为 0。参与运算的数以补码形式出现。

4. 按位取反运算符

按位取反运算符“～”为单目运算符，具有右结合性，将参与运算的操作数按二进制位进行“取反”运算。例如，～9 指把 0000000000001001 按位取反，结果为 1111111111110110。

5. 二进制左移运算符

二进制左移运算符“<<”是双目运算符，将左操作数的值向左移动右操作数指定的位数，高位丢弃，低位补 0。例如，假设 a=3，a<<2 指把 a 的各二进位 00000011 向左移动两位，结果为 00001100（十进制 12）。由此可见，在二进制数左移运算中，在信息没有因移动而丢失的情况下，每左移 1 位相当于乘 2。

6. 二进制右移运算

二进制右移运算符“>>”是双目运算符，将左操作数的值向右移动右操作数指定的位数，右端移出的位的信息被丢弃。例如，假设 a=15，a>>2 表示把 a 的各二进位 000001111 向右移动两位，结果为 00000011（十进制 3）。

注意：对于无符号数据，右移时，左端空出的位用 0 补充。对于有符号数据，右移时，符号位将随同移动，如果移位前符号位为 0（正数），则左端空出的位用 0 补充；如果移位前符号位为 1（负数），则左端空出的位用 0 或 1 补充，取决于编译系统的规定。

例 3-8　位运算符的应用举例。

```
#include<stdio.h>
void main()
{
    unsigned int a=3;
    unsigned int b=5;
    int c=0;
    c=a&b;
    printf("按位与运算 c=%d\n",c);
    c=a|b;
    printf("按位或运算 c=%d\n",c);
    c=a^b;
    printf("按位异或运算 c=%d\n",c);
    c=~a;
    printf("按位取反运算 c=%d\n",c);
    c=a<<2;
    printf("二进制左移运算 c=%d\n",c);
    c=a>>2;
    printf("二进制右移运算 c=%d\n",c);
}
```

程序运行结果如下：

```
按位与运算 c=1
按位或运算 c=7
按位异或运算 c=6
```

```
按位取反运算 c=-4
二进制左移运算 c=12
二进制右移运算 c=0
```

例 3-9 赋值运算符（<<=、>>=、&=、^=、|=）的应用举例。

```
#include<stdio.h>
void main()
{
    int c=200;
    c<<=2;
    printf("左移且赋值运算 c=%d\n",c );
    c>>=2;
    printf("右移且赋值运算 c=%d\n",c );
    c&=2;
    printf("按位与且赋值运算 c=%d\n",c );
    c|=2;
    printf("按位或且赋值运算 c=%d\n",c );
    c^=2;
    printf("按位异或且赋值运算 c=%d\n",c );
}
```

程序运行结果如下：

```
左移且赋值运算 c=800
右移且赋值运算 c=200
按位与且赋值运算 c=0
按位或且赋值运算 c=2
按位异或且赋值运算 c=0
```

本例程序是在充分理解3.4.2节赋值运算符和赋值表达式及3.4.4节位运算符和位运算表达式的含义和应用的基础上，对复合赋值运算符（<<=、>>=、&=、^=、|=）进行了举例应用。

思考与练习

1. 列举C语言中常用的单目运算符、双目运算符和三目运算符。
2. 列举C语言中常用的运算符，并指明这些运算符的优先级和结合性。

3.5 数据类型转换

在C语言中，同一表达式中可能会出现不同的数据类型，如整型、实型和字符型数据，这些不同类型的数据可以进行数据类型转换并进行混合运算。数据类型转换可分为隐式自动类型转换和强制类型转换。

3.5.1 隐式自动类型转换

隐式自动类型转换发生在不同数据类型的运算量混合运算时，由编译系统自动完成。如果参与运算的运算量的类型不同，则先转换成同一类型，然后进行运算。隐式自动类型转换遵循以下规则，如图3-3所示。

1）纵向向上的箭头表示当参与算术运算的运算量为不同类型时，需要由低类型向高类型方向转换，即按数据类型长度增加的方向进行转换，以保证精度不降低。例如，int 型数据和 long 型数据运算时，先把 int 型数据转换成 long 型数据，再进行运算。

2）横向向左的箭头表示数据类型必须要转换。所有的浮点数运算都是以双精度进行的，表达式中的 float 型数据要先转换成 double 型数据，再进行运算，运算结果是 double 型数据；char 型数据和 short 型数据参与运算时，必须先转换成 int 型数据，再进行运算。

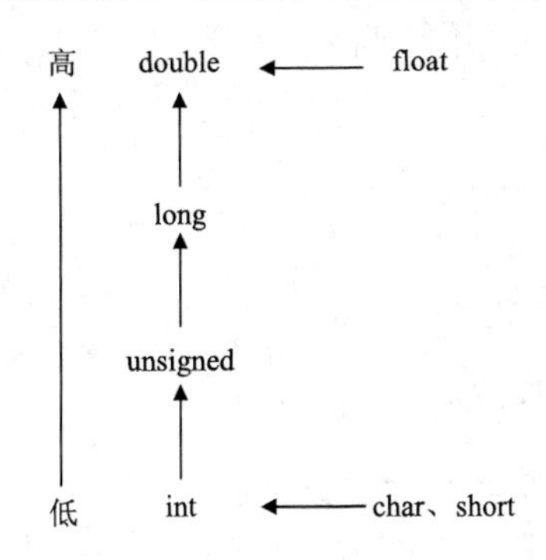

图 3-3　自动类型转换规则

注意：在赋值运算中，当"="两侧的数据类型不同时，"="右侧运算量的数据类型将自动隐式转换为左侧变量的数据类型后再赋值。如果"="右侧运算量的数据类型长度大于左边变量的数据类型长度，将丢失一部分数据，这样会降低精度。

字符型数据与整型数据进行运算时，实际是字符的 ASCII 值与整型数据进行运算。

例 3-10　给定一个大写字母，要求用小写字母输出。

```
#include<stdio.h>
void main( )
{
    char c1,c2;
    c1='A';                  //将字符'A'的ASCII值65赋给变量c1
    c2=c1+32;                //相对应的大小写字母的ASCII值相差32
    printf("%c\n",c2);       //c2以字符形式输出
    printf("%d\n",c2);       //c2以十进制整型形式输出
}
```

程序运行结果如下：

```
a
97
```

本例程序中，由于相对应的大写字母和小写字母的 ASCII 值相差 32，因此设计程序算法时用语句"c2=c1+32;"实现了大写字母 A 转换成小写字母 a 的功能。

3.5.2　强制类型转换

强制类型转换是通过类型说明符强制转换运算来实现的，其功能是把表达式的运算结果强制转换成类型说明符所表示的类型。强制类型转换的一般形式如下：

(类型说明符) (表达式)

在强制转换时应注意以下问题：

1）类型说明符和表达式都必须加括号（单个变量可以不加括号）。例如，(int)(x+y)的含义是把 x 与 y 相加的结果转换成 int 型；而(int)x+y 的含义是先把 x 转换成 int 型，然后与 y 相加。

2）强制转换或自动转换的目的都只是因为本次运算需要而对变量或表达式的数据长度进行临时性转换，并不改变数据声明时对该变量定义的类型。

例 3-11 强制类型转换的应用举例。

```
#include<stdio.h>
void main()
{
    int a,b;
    float x=3.5,y=5.3,z;
    z=x+y;                                  //z 为 float 型，z 值为 8.800000
    printf("x=%f,y=%f,z=%f\n",x,y,z);
    a=x+y;                                  //a 为 int 型，a 值为 8
    printf("x=%f,y=%f,a=%d\n",x,y,a);
    b=(int)(x+y);                           //把 x+y 强制转换为整型，b 值为 8
    printf("x=%f,y=%f,b=%d\n",x,y,b);
}
```

程序运行结果如下：

```
x=3.500000,y=5.300000,z=8.800000
x=3.500000,y=5.300000,a=8
x=3.500000,y=5.300000,b=8
```

本例程序中，变量 a、b 定义为 int 型，变量 x、y、z 定义为 float 型。执行语句“a=x+y;”后，赋值结果为整型，原因是“=”右侧运算量的数据类型长度大于左边变量的数据类型长度，运算结果丢失了部分数据，因此显然降低了数据精度；而表达式(int)(x+y)通过强制类型转换，计算结果为 int 型，并通过赋值表达式“b=(int)(x+y);”赋值给 int 型变量 b。

思考与练习

1. C 语言中，自动类型转换和强制类型转换时会四舍五入吗？
2. 执行语句“float f=5.75;printf("(int)f=%d,f=%f\n",(int)f,f);”后，运行结果是什么？

3.6 实例 4：绘制四叶草

本例程序中应用了 graphics 库函数和 math 库函数中的相应函数，以及本章所述的数据类型、符号常量、强制类型转换等基本知识。由于程序中加入了延迟函数，因此在程序运行时呈现了慢速绘制四叶草的动画效果，增强了程序设计的趣味性。

实例 4 代码如下：

```
1  #include<graphics.h>
2  #include<math.h>
3  #include<conio.h>
```

```
4   #define PI 3.1415926535
5   void main()
6   {
7       initgraph(640,480);
8       setcolor(GREEN);
9       setorigin(320,240);
10      double e;
11      int x1,y1,x2,y2;
12      for(double a=0;a<2*PI;a+=2*PI/720)
13      {
14          e=100*(1+sin(4*a));
15          x1=(int)(e*cos(a));
16          y1=(int)(e*sin(a));
17          x2=(int)(e*cos(a+PI/5));
18          y2=(int)(e*sin(a+PI/5));
19          line(x1,y1,x2,y2);
20          Sleep(20);
21      }
22      _getch();
23      closegraph();
24  }
```

程序运行结果如图 3-4 所示。

图 3-4　实例 4 运行结果

1）包含所需头文件：

```
1   #include<graphics.h>
2   #include<math.h>
3   #include<conio.h>
```

2）定义符号常量：

```
4   #define PI 3.1415926535
```

3）初始化绘图环境：

```
7       initgraph(640,480);
8       setcolor(GREEN);
9       setorigin(320,240);
```

4）定义变量：

```
10      double e;
11      int x1,y1,x2,y2;
```

5）绘制四叶草：

```
12        for(double a=0;a<2*PI;a+=2*PI/720)
13        {
14            e=100*(1+sin(4*a));
15            x1=(int)(e*cos(a));
16            y1=(int)(e*sin(a));
17            x2=(int)(e*cos(a+PI/5));
18            y2=(int)(e*sin(a+PI/5));
19            line(x1,y1,x2,y2);
20            Sleep(20);
21        }
```

思考与练习

1. 修改 initgraph()、setcolor()、setorigin()等函数的参数，绘制四叶草。
2. 通过修改相应函数参数，改变叶片的大小、数量和形状。

3.7　函数库 2：math 库函数

C 语言的库函数并不是 C 语言的一部分，它是由编译程序根据一般用户的需要编制并提供给用户使用的一组程序。C 语言的库函数极大地方便了用户，同时也弥补了 C 语言本身的不足。在编写 C 语言程序时，使用库函数，既可以提高程序的运行效率，又可以提高编程的质量。

函数库是由系统建立的具有一定功能的函数的集合。函数库中存放函数的名称和对应的目标代码，以及连接过程中所需的重定位信息。用户也可以根据需要建立自己的用户函数库。

数学库是一个庞大的库，而且数学函数的实现一般要涉及特有的数值算法，因此这里进行一个概述性的介绍。标准 C 语言中定义的数学函数主要包括绝对值函数、高斯函数（求最近整数）、指数函数、对数函数、幂函数、三角函数与反三角函数等，表 3-7 所示为 math 库中常用的函数。

表 3-7　math 库中常用的函数

函数	描述
double exp(double x)	自然数的指数 e^x
double log(double x)	自然对数 logx
double log10(double x)	以10为底的对数 $\log_{10}x$
double pow(double x, double y)	传回以参数 x 为底、参数 y 的次方值，即 x^y
double sqrt(double x)	参数 x 的平方根
double ceil(double x)	传回不小于参数 x 的最小 double 整数
double floor(double x)	传回不大于参数 x 的最大 double 整数
double fabs(double x)	传回参数 x 的绝对值

续表

函数	描述
double sin(double x)	正弦函数
double cos(double x)	余弦函数
double tan(double x)	正切函数

思考与练习

1. C 语言中，math 库中的函数可以在程序中直接使用吗？
2. 判断一个整数 x 是否为素数时，算法设计中需要将 x 的平方根取整，应如何表示？

程 序 练 习

一、程序填空

1. 读程序写运行结果，并上机验证。

```
#include<stdio.h>
void main()
{
    float a=123.456;
    double b=8765.4567;
    printf("第 1 行 a=%f\n",a);
    printf("第 2 行 a=%14.3f\n",a);
    printf("第 3 行 a=%6.4f\n",a);
    printf("第 4 行 b=%lf\n",b);
    printf("第 5 行 b=%14.3lf\n",b);
    printf("第 6 行 b=%8.4lf\n",b);
    printf("第 7 行 b=%.4f\n",b);
}
```

2. 读程序写运行结果，并上机验证。

```
#include<stdio.h>
void main()
{
    int x=010,y=10,z=0x10;
    char c1='M',c2='\x4d',c3='\115',c4=77,c;
    printf("x=%o,y=%d,z=%x\n",x,y,z);
    printf("x=%d,y=%d,z=%d\n",x,y,z);
    printf("c1=%o,c2=%x,c3=%o,c4=%d\n",c1,c2,c3,c4);
    printf("c1=%c,c2=%c,c3=%c,c4=%c\n",c1,c2,c3,c4);
    printf("c1=%d,c2=%d,c3=%d,c4=%d\n",c1,c2,c3,c4);
    c1+32;
    printf("c=%c,c=%d\n",c,c);
}
```

3. 读程序写运行结果，并上机验证。

```
#include<stdio.h>
```

```
void main()
{
    char c1='a',c2='b',c3='c',c4='\101',c5='\116';
    printf("a%cb%c\tc%c\tabc\n",c1,c2,c3);
    printf("\\\t\b%c%c\n",c4,c5);
    printf("这是加号\"+\"\n");
    printf("这是减号\"-\"\n");
    printf("这是乘号\"*\"\n");
    printf("这是除号\"/\"\n");
    printf("这是求余符号\"%%\"\n");
}
```

4. 读程序写运行结果，并上机验证。

```
#include<stdio.h>
void main()
{
    int a,b;
    unsigned c,d;
    a=1;
    b=-1;
    c=a;
    d=b;
    printf("%d,%d\n",a,b);
    printf("%u,%u\n",a,b);
    printf("%u,%u\n",c,d);
}
```

5. 读程序写运行结果，并上机验证。

```
#include<stdio.h>
void main()
{
    char c1,c2;
    c1='a';
    c2='b';
    printf("%c %c",c1,c2);
    printf("%d,%d\n",c1,c2);
}
```

6. 读程序写运行结果，并上机验证。

```
#include<stdio.h>
void main()
{
    int a=2,b=3;
    float x=3.9,y=2.3;
    float r;
    r=(float)(a+b)/2+(int)x%(int)y;
    printf("%f\n",r);
}
```

7. 读程序写运行结果，并上机验证。

```
#include<stdio.h>
void main()
```

```
{
    int a=5,b=31;
    printf("a=%x,b=%x\n",a,b);
    a=a|b;
    printf("a=%x,b=%x\n",a,b);
}
```

8. 编写程序：输入两个整数 a 和 b（设 a=100，b=17），输出商和余数。

```
#include<stdio.h>
void main()
{   int a,b;
    float shang;
    a=100;
    b=17;
    shang=____________;
    printf("100 除以 17=%f\n",shang);
    printf("100 除以 17 的余数为%d\n",_____________);
}
```

9. 编程实现将 17℃换算成华氏度数及将 84℉换算成摄氏度数，并将显示结果保留小数点后一位，即 17℃=62.6℉，84℉=28.9℃。

提示：摄氏和华氏温度换算公式如下。

$$℉=℃\times9/5+32$$

$$℃=5/9\times(℉-32)$$

```
#include<stdio.h>
void main()
{   double a,b,c,f;
    a=17;
    b=84;
    f=a*9/5+32;
    c=_______________;
    printf("摄氏%.0lf 度换算成华氏温度为%.1f 度。\n",a,f);
    printf("华氏%.0lf 度换算成摄氏温度为%.1f 度。\n",_______);
}
```

二、程序改错

1. 根据 a、b、c、x、y 的值，求 c、d 的值。

```
#include<stdio.h>
void main()
{
    long x,y;
    int a,b,c;
    x=5;
    y=6;
    a=7;
    b=8;
    c=x+a;
    d=y+b;
```

```
    printf("c=x+a=%d,d=y+b=%d\n",c,d)
}
```

2. 根据整数 a、b 的值，求 a 除以 b 的值。

```
#include<stdio.h>
void main()
{
    int a,b,x;
    a=5;
    b=2;
    y=a/b;
    printf("y= %d/%d=%d \n",c,d,y);
}
```

三、程序设计

1. 有两个整数 125 和 5，编写程序输出这两个整数之间的加、减、乘、除和求余运算结果。

2. 有整数 i=1234，编写程序让 i 的值变为 4321。

提示：通过算数表达式求出 i 的各位数字 a、b、c、d，则 d×1000+c×100+b×10+a 为最终结果。

3．在大圆上各整点位置绘制小圆，如图 3-5 所示。

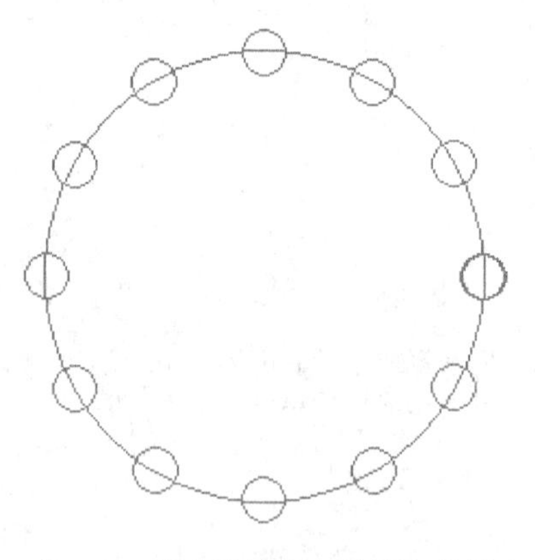

图 3-5　程序设计题 3 的输出效果

第 4 章　程序的顺序结构

学习目标

1）掌握使用流程图来表示算法的能力。
2）学习 printf()函数进行数据输出的方法。
3）学习 scanf()函数进行数据输入的方法。
4）学习单个字符的输入/输出方法。
5）具备简单程序设计的能力。

程序设计的 3 种基本结构是顺序结构、选择结构、循环结构，它们的共同特点是都包含一个入口和一个出口，其中每一条代码都有机会被执行。顺序结构是按照语句的书写顺序依次执行的结构；选择结构需要判断条件是否成立，如果成立则执行操作，否则不执行；循环结构是判断循环条件是否成立，如果成立则重复执行循环体，直到出现不满足的条件为止。

算法是解决问题的方法和步骤，是程序设计的核心。任何简单或者复杂的算法都可以由顺序结构、选择结构、循环结构这 3 种基本结构组合而成。在程序设计过程中，可以用不同的方法表示一个算法，常用的有自然语言、流程图、伪代码、PAD 图等。其中，以特定的图形符号加上说明表示算法的图称为算法流程图。

4.1　算法流程图

流程图用一些图框表示各种类型的操作，在框内写出各个步骤，然后用带箭头的线把它们连接起来，以表示执行的先后顺序。用图形表示算法，直观形象，易于理解。

4.1.1　用流程图表示算法

ANSI 曾规定了一些常用的流程图符号，被世界各国程序工作者普遍采用。常用的流程图符号如表 4-1 所示。

表 4-1　常用的流程图符号

符号	名称	含义
	起止框	表示算法的开始或结束
	输入/输出框	表示算法执行过程中，信息的输入和处理结果的输出

续表

符号	名称	含义
（矩形）	处理框	表示算法的处理步骤，通常是赋值操作
（菱形）	判断框	表示算法中的分支结构，根据给定的条件判断如何执行其后的操作
→ 或 ↓	流程线	表示流程的方向

算法流程图表示程序内各步骤的内容及它们的关系和执行的顺序，说明了程序的逻辑结构。算法流程图应该足够详细，以便可以按照它顺利地写出程序，而不必在编写时临时构思，甚至出现逻辑错误。算法流程图不仅可以指导编写程序，而且可以在调试程序中用来检查程序的正确性。如果算法流程图是正确的而结果不对，则按照算法流程图逐步检查程序会很容易发现错误。算法流程图还能作为程序说明书的一部分提供给别人，以帮助别人理解程序的思路和结构。

传统的算法流程图对流程线的使用没有严格限制，使用者可以不受限制地使流程随意地转来转去，因此一些流程图毫无规律，阅读者要花很大精力追踪流程，且难以理解算法的逻辑。为了提高算法的质量，使算法的设计和阅读更加方便，必须限制箭头的使用，即不允许无规律地使流程乱转向，只能顺序地进行下去。但是，算法中难免会包含一些分支和循环，不能按顺序执行。为了解决这个问题，人们设想，如果规定出几种基本结构，然后由这些基本结构按一定规律组成一个算法结构，那么整个算法的结构会由上而下地将各个基本结构顺序排列起来。1966 年，Bohra 和 Jacoplni 提出了以下 3 种基本结构，用这 3 种基本结构作为表示一个良好算法的基本单元。

1. 顺序结构

如图 4-1 所示，A 和 B 两个框是顺序执行的。顺序结构是最简单的一种基本结构。

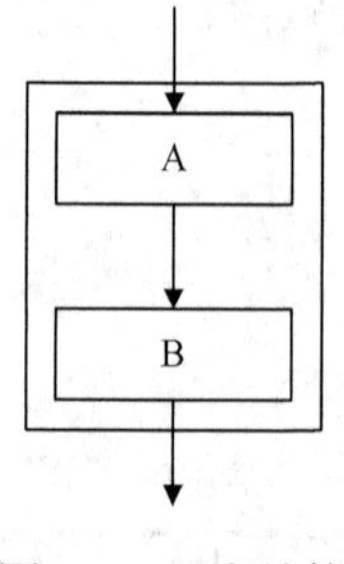

图 4-1　顺序结构

2. 选择结构

图 4-2 中包含一个判断框，根据给定的条件 P 是否成立而选择执行 A 或 B。

注意：无论条件 P 是否成立，只能执行 A 或 B 之一，不可能既执行 A 又执行 B。无论走哪一条路径，在执行完 A 或 B 之后将脱离选择结构。A 或 B 两个框中可以有一个是空的，即不执行任何操作。

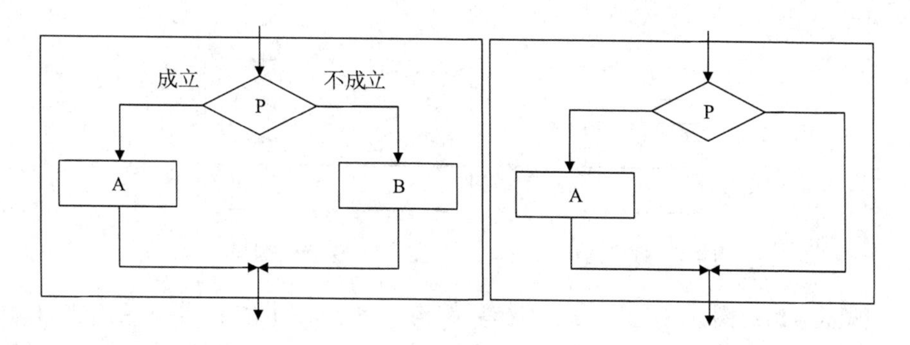

图 4-2 选择结构

3. 循环结构

循环结构又称重复结构，即反复执行某一部分的操作。循环结构包括以下两类：

当型（While）：当给定的条件 P 成立时，执行 A 框操作，然后判断条件 P 是否成立；如果仍然成立，再执行 A 框，如此反复，直到条件 P 不成立为止，此时不执行 A 框而结束循环结构，如图 4-3（a）所示。

直到型（Until）：先执行 A 框，然后判断给定的条件 P 是否成立；如果条件 P 成立，则再执行 A，然后对条件 P 进行判断，如此反复，直到给定的条件 P 不成立为止，此时结束本循环结构，如图 4-3（b）所示。

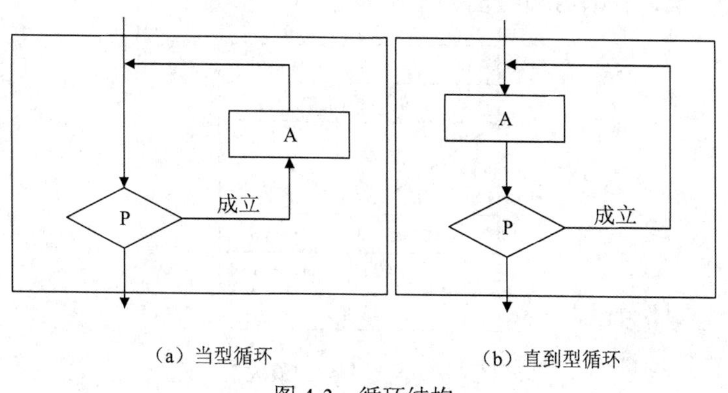

（a）当型循环　（b）直到型循环

图 4-3 循环结构

4.1.2 用 N-S 流程图表示算法

1973 年，美国学者提出了一种新的流程图形式，在这种流程图中完全删除了带箭头的流程线，而将全部算法写在一个矩形框内。在该框内还可以包含其他从属于它的框，即可由一些基本的框组成一个大的框。这种适用于结构化程序设计的流程图称为 N-S 流程图，下面具体介绍。

1）顺序结构：先执行 A 操作，再执行 B 操作，如图 4-4 所示。

2）选择结构：当条件 P 成立时执行 A 操作，当条件 P 不成立时则执行 B 操作，如图 4-5 所示。

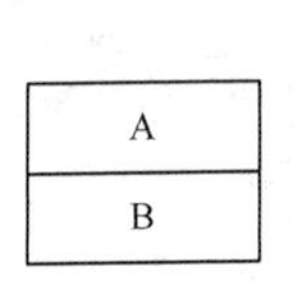

图 4-4　顺序结构

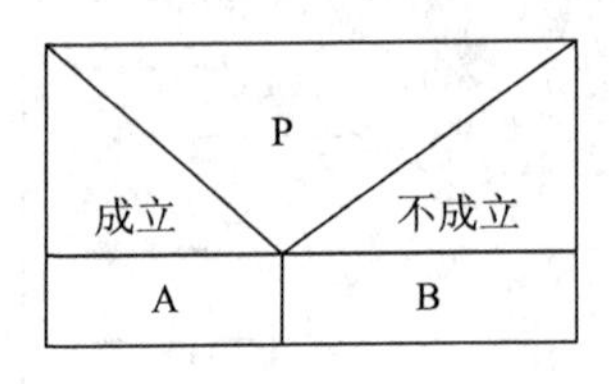

图 4-5　选择结构

3）循环结构：图 4-6（a）为当型循环结构，表示先判断后执行，当条件 P 成立时反复执行 A 操作，直到条件 P 不成立为止。图 4-6（b）为直到型循环结构，先执行 A 操作，再判断条件 P，如果条件 P 成立，再执行 A，然后对条件 P 进行判断，如此反复，直到给定的条件 P 不成立为止。

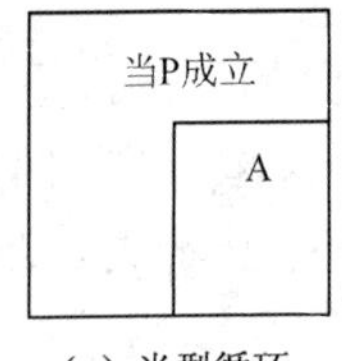

（a）当型循环

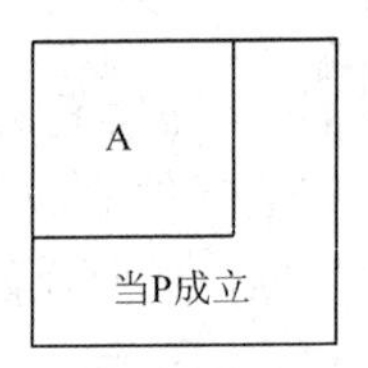

（b）直到型循环

图 4-6　循环结构

用以上 3 种 N-S 流程图中的基本框可以组成复杂的 N-S 流程图，以表示算法。例如，求两个数的最大值，其 N-S 流程图如图 4-7 所示。

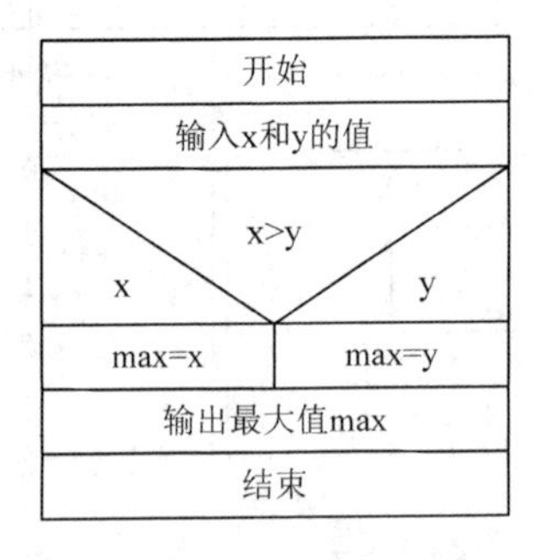

图 4-7　求两个数的最大值

N-S 流程图比传统的流程图紧凑易画，尤其是它废除了流程线。整个算法结构是由各个基本结构按顺序组成的，其上下顺序就是执行时的顺序。写算法和看算法只需从上到下进行即可，十分方便。归纳起来，一个结构化的算法是由一些基本结构顺序组成的；在基本结构之间不存在向前或向后的跳转，流程的转移只存在于一个基本结构范围之内（如循环中流程的跳转）；一个非结构化的算法可以用一个等价的结构化算法代替，其功能不变。如果一个算法不能分解为若干个基本结构，则它必然不是一个结构化的算法。

顺序结构绘制彩虹，其 N-S 流程图如图 4-8 所示。

开始
调用 initgraph()函数初始化绘图窗口
调用 setorigin()函数设置坐标原点
调用 setbkcolor()函数设置当前设备绘图背景色
调用 cleardevice()函数清除屏幕内容
调用 setlinestyle()函数设置当前设备画线样式
调用 setlinecolor()和 circle()函数绘制彩虹图形
调用 closegraph()函数关闭图形窗口
结束

图 4-8　顺序结构绘制彩虹

思考与练习

1. 绘制任意输入一个年份，判断是否是闰年的算法流程图。
2. 绘制将百分制成绩转换成等级分制 A、B、C、D、E 的算法流程图。
3. 绘制求 1～100 的自然数之和的算法流程图。

4.2　实例 5：绘制彩虹

实例 5 代码如下：

```
1    #include<graphics.h>
2    #include<conio.h>
3    #include<stdio.h>
4    void main()
5    {
6          initgraph(640,480);
7          setorigin(320,480);
8          setbkcolor(WHITE);
9          cleardevice();
10          setlinestyle(PS_SOLID | PS_ENDCAP_FLAT, 12);
11          setlinecolor(RGB(139,0,255));      //画线颜色为紫色
12         circle(0, 0, 210);
13          setlinecolor(RGB(0,0,255));        //画线颜色为蓝色
14         circle(0, 0, 220);
15          setlinecolor(RGB(0,127,255));      //画线颜色为青色
16         circle(0, 0, 230);
17          setlinecolor(RGB(0,255,0));        //画线颜色为绿色
18         circle(0, 0, 240);
19          setlinecolor(RGB(255,255,0));      //画线颜色为黄色
20         circle(0, 0, 250);
21          setlinecolor(RGB(255,165,0));      //画线颜色为橙色
22         circle(0, 0, 260);
```

```
23        setlinecolor(RGB(255,0,0));    //画线颜色为红色
24        circle(0, 0, 270);
25        getch();
26        closegraph();
27    }
```

程序运行结果如图 4-9 所示。

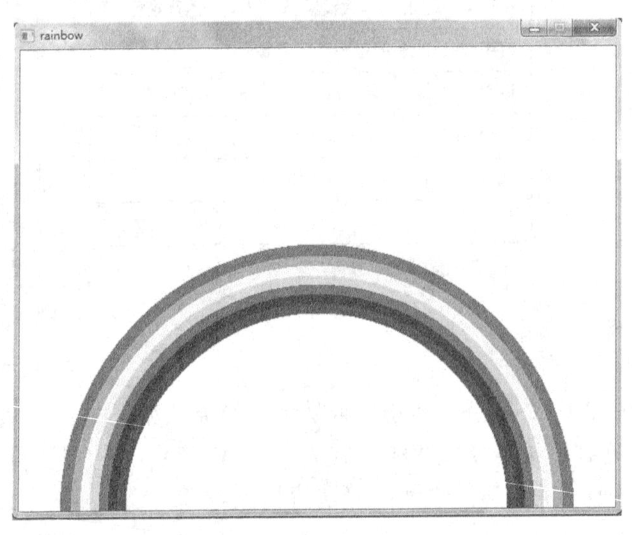

图 4-9　实例 5 运行结果

1）初始化绘图环境，因为彩虹的圆弧是圆的一半，所以将原点设置在屏幕底部中间。

```
6     initgraph(640,480);
7     setorigin(320,480);
8     setbkcolor(WHITE);
9     cleardevice();
```

2）设置画线的样式，指定画线的样式为实线，端点为平坦，线的宽度为 12 像素。

```
10    setlinestyle(PS_SOLID | PS_ENDCAP_FLAT, 12);
```

3）设置画线颜色，绘制圆形。彩虹为 7 个同心圆，只需将颜色分别设置成紫、蓝、青、绿、黄、橙、红即可，圆的半径依次增加 10 像素。

```
11    setlinecolor(RGB(139,0,255));
12    circle(0, 0, 210);
13     setlinecolor(RGB(0,0,255));      //画线颜色为蓝色
14    circle(0, 0, 220);
15     setlinecolor(RGB(0,127,255));    //画线颜色为青色
16    circle(0, 0, 230);
17     setlinecolor(RGB(0,255,0));      //画线颜色为绿色
18    circle(0, 0, 240);
19     setlinecolor(RGB(255,255,0));    //画线颜色为黄色
20    circle(0, 0, 250);
21     setlinecolor(RGB(255,165,0));    //画线颜色为橙色
22    circle(0, 0, 260);
23     setlinecolor(RGB(255,0,0));      //画线颜色为红色
24    circle(0, 0, 270);
```

在顺序结构中，有些语句的顺序可以修改，如将第10行和第11行语句互换位置，程序也可以正确执行；有些语句必须严格按语句的书写顺序依次执行，如每次调用circle()函数绘制圆之前，先要调用setlinecolor( )函数设置画线颜色，这个顺序不可以更改。

思考与练习

1. 通过调用scanf( )函数输入圆的半径的值，控制整个彩虹图形的大小。

2. 将实例5中的第7行代码"setorigin(320,480);"修改为"setorigin(320,240);"，观察结果。将原点设置在不同的地方，观察结果。

3. 绘制不同颜色的同心正方形。

4.3　C语言的基本语句

在C语言中，无论是运算操作还是流程控制，都是由相应的语句完成的。C语言通过语句来实现3种基本控制结构。C语言的语句可以分成以下5种类型：表达式语句、函数调用语句、控制语句、复合语句和空语句。

1. 表达式语句

由表达式组成的语句称为表达式语句，程序中对操作对象的运算处理大多通过表达式语句进行。在表达式后面加上一个分号";"即构成了表达式语句，其一般形式如下：

表达式;

其中，最典型的表达式就是由赋值表达式构成的赋值语句，如"a=10"是赋值表达式，"a=10;"是赋值语句；其他的表达式加上分号也可以构成表达式语句，如"x++;"是自加表达式构成的语句，"a+b;"是算术表达式构成的语句，"y<z;"是关系表达式构成的语句，"m=5,n=m+6;"是逗号表达式构成的语句。

注意： 分号是C语言中语句的标志，每一个语句都必须以分号结束。

2. 函数调用语句

在C语言程序中，由函数名、实际参数加上分号";"就构成了函数调用语句。函数调用语句的一般形式如下：

函数名(实际参数列表);

执行函数调用语句就是调用函数体并把实际参数赋予函数定义中的形式参数，然后执行被调函数体中的语句，求取函数值。例如：

```
printf("Welcome to Beijing");      //调用库函数，输出字符串
```

3. 控制语句

控制语句用于控制程序的流程，以实现程序的各种结构方式。控制语句由特定的语句定义符组成。C语言有9种控制语句，可分成以下3类：

1）条件判断语句：if语句、switch语句。

2）循环执行语句：do…while 语句、while 语句、for 语句。

3）转向语句：break 语句、goto 语句、continue 语句、return 语句。

4. 复合语句

复合语句是把多条语句用花括号“{ }”括起来形成的语句块，在语法上相当于一条语句。例如，下面就是一个复合语句：

```
{
    sum=sum+i;
    i++;
    printf("%d,%d\n",sum,i);
}
```

复合语句内的各条语句都必须以分号“;”结尾，在花括号“}”外不能加分号。

在某些控制语句（选择结构中的 if 语句、循环结构中的 while 语句和 for 语句等）中只执行紧跟着控制语句后的第一条语句，要想执行多条语句，就必须把多条语句用花括号括起来形成复合语句。

由于花括号既是函数体的界定符，又是复合语句的界定符，因此在包含复合语句的程序中会出现多层花括号。编程时一定要注意花括号的配对使用。

5. 空语句

只有一个分号“;”的语句称为空语句。空语句的一般形式如下：

```
;
```

空语句是不执行任何操作的语句。在 C 语言程序中，空语句可用来充当空循环体，如：

```
while(getchar()!='\n')
    ;
```

本语句的功能是只要从键盘输入的字符不是回车就重新输入。这里的循环体为空语句。

思考与练习

1. C 语言中，语句的结束标志是________。
2. 执行下列程序后，其运行结果是（　　）。

```
void main()
{
    int  a=9;
    a+=a-=a+a;
    printf("%d\n",a);
}
```

A. 18　　B. 9　　C. −18　　D. −9

4.4 实例 6：温度转换

华氏温度是温度的一种度量单位，在标准大气压下，冰的熔点为 32℉，水的沸点为 212℉，中间有 180 等份，每等份为华氏 1 度，记作 1℉。

摄氏温度规定，把在标准大气压下冰水混合物的温度定为0℃，沸水温度定为100℃，0℃和 100℃中间分为 100 等份，每个等份代表 1℃。

将华氏温度转换为摄氏温度的转换公式如下：

$$c = \frac{5 \times (f - 32)}{9}$$

式中，c 为摄氏温度；f 为华氏温度。

实例 6 代码如下：

```
1  /*华氏温度转换为摄氏温度*/
2  #include<stdio.h>
3  void main()
4  {
5      int  c, f;
6      f=200;
7      c=5*(f-32)/9;
8      printf("f=%d,c=%d",f,c);
9  }
```

程序运行结果如下：

```
f=200,c=93
```

1）定义两个整型变量 c 和 f：

```
5      int  c, f;
```

2）变量 f 赋初值 200：

```
6      f=200;
```

3）根据华氏温度转换为摄氏温度的公式进行数据计算：

```
7      c=5*(f-32)/9;
```

4）调用 printf()函数输出结果。printf()函数双引号内除%d 以外的内容都要原样输出，并且在第一个%d 的位置输出变量 f 的值，在第二个%d 位置输出变量 c 的值：

```
8      printf("f=%d,c=%d",f,c);
```

这里指定了求华氏温度 200℉转换成对应的摄氏温度，如果想求任意的华氏温度对应的摄氏温度，该如何修改程序呢？代码如下：

```
1  /*华氏温度转换为摄氏温度*/
2  #include<stdio.h>
3  void main()
4  {
5      int  c, f;
6      scanf(%d, &f);
7      c=5*(f-32)/9;
8      printf("f=%d,c=%d",f,c);
9  }
```

程序运行结果如下：

```
150
f=150,c=65
```

上述代码中的第 6 行将实例 6 中的“f=200;”语句改为“scanf(%d, &f);”，在程序执行中由用户输入华氏度 150 赋给变量 f，然后进行换算。这样整个程序的可用性就优化很多。

为了提高程序的交互性，在上述代码中的第6行前增加输入的提示信息，具体如下：

```
1   /*华氏温度转换为摄氏温度*/
2   #include<stdio.h>
3   void main()
4   {
5       int  c, f;
6       printf("请输入华氏度：");
7       scanf(%d, &f);
8       c=5*(f-32)/9;
9       printf("f=%d,c=%d",f,c);
10  }
```

程序运行结果如下：

```
请输入华氏度：150
f=150,c=65
```

思考与练习

编写程序，输入圆的半径r，求圆的周长p和面积s。

4.5 函数库3：stdio库函数

4.5.1 stdio概述

stdio.h 是 standard input&output 的缩写，是标准输入/输出函数库的头文件，包括printf( )格式输出函数、scanf( )格式输入函数、putchar( )字符输出函数、getchar( )字符输入函数等函数。

C语言没有提供独立的输入/输出语句，程序运行过程中数据的输入和程序处理结果的输出都必须通过调用C语言系统提供的标准输入/输出函数（表4-2）来实现。凡使用表4-2所示的输入/输出函数，必须在程序开头添加“#include<stdio.h>”命令，把stdio.h头文件包含到源程序文件中。

表4-2　输入/输出函数

函数原型	函数功能
FILE* fopen(const char* filename, const char* mode)	以mode指定的方式打开名为filename的文件
FILE* freopen(const char* filename, const char* mode, FILE* stream)	把一个新的文件名filename与给定的打开的流stream关联，同时关闭流中的旧文件
int fflush(FILE* stream)	清除缓冲区的内容，成功传回0，失败传回EOF
int fclose(FILE* stream)	关闭stream所指文件，释放文件
int remove(const char* filename)	删除名为filename的文件
int rename(const char* oldname, const char* newname)	将文件名oldname改为newname
FILE* tmpfile()	以二进制更新模式“wb+”创建临时文件，当结束程序后就会关闭且删除此档案，并返回与之关联的流

续表

函数原型	函数功能
char* tmpname(char s[L_tmpnam])	生成并返回一个有效的临时文件名
int setvbuf(FILE* stream, char* buf, int mode, size_t size)	把缓冲区与流相关，参数 mode 指定了文件缓冲的模式：_IOFBF(0)是全缓冲，_IOLBF(1)是行缓冲，_IONBF(2)是无缓冲
void setbuf(FILE* stream, char* buf)	把缓冲区与文件流相关联
int fprintf(FILE* stream, const char* format,…)	将输出表列的值以 format 指定的格式输出到 stream 所指定的文件中
int printf(const char* format,…)	将输出表列的值以 format 指定的格式输出到标准输出设备
int sprintf(char* s, const char* format,…)	将格式化数据输出到 s 所指向的字符串
int fscanf(FILE* stream, const char* format,…)	从指定的文件中按 format 给定的格式将输入数据送到指针所指向的内存单元
int scanf(const char* format,…)	从标准输入设备按 format 指定的格式输入数据给输入项列表指定的单元
int sscanf(char* s, const char* format,…)	从字符串 s 读取指定格式的数据
int fgetc(FILE* stream)	从 stream 所指定的文件中读取下一个字符
char* fgets(char* s, int n, FILE* stream)	从 stream 所指定的文件中读取一个长度为 n-1的字符串，存入起始地址为 s 的空间
int fputc(int c, FILE* stream)	将字符 c 输出到 stream 指向的文件中
char* fputs(const char* s, FILE* stream)	将 s 所指向的字符串输出到 stream 指向的文件中
int getc(FILE* stream)	从 stream 所指向的文件中读入一个字符
int getchar(void)	从标准输入设备读取一个字符
char* gets(char* s)	从标准输入设备读取一个字符串，并把它们放入 s 所指向的字符数组中
int putc(int c, FILE* stream)	把一个字符 c 输出到 stream 所指的文件中
int putchar(int c)	把字符 c 输出到标准输出设备
int puts(const char* s)	把 s 指向的字符串输出到标准输出设备
int ungetc(int c, FILE* stream)	把字符 c（一个无符号字符）推入指定的流 stream 中，以便它是下一个被读取的字符
size_t fread(void* ptr, size_t size, size_t nobj, FILE* stream)	从给定流 stream 读取长度为 size 的数据到 ptr 所指向的数组中
size_t fwrite(const void* ptr, size_t size, size_t nobj, FILE* stream)	把 ptr 所指向的数组中的数据写入给定流 stream 中
int fseek(FILE* stream, long offset, int origin)	将 stream 所指向的文件的位置指针移到以 origin 所指的位置为基准，以 offset 为位移量的位置
long ftell(FILE* stream)	返回 stream 所指向的文件中的读写位置
void rewind(FILE* stream)	将 stream 指向的文件中的位置指针置于文件开头位置
int feof(FILE* stream)	检查文件是否结束
int ferror(FILE* stream)	检测文件读取操作是否出错

4.5.2 printf()函数

1. printf()函数调用的一般形式

printf()函数称为格式输出函数，其关键字最末一个字母 f 即为“格式”（format）之意。其功能是按用户指定的格式，把指定的数据显示到显示器屏幕上。

printf()函数调用的一般形式如下：

```
printf("格式控制字符串",输出列表);
```

括号中的格式控制字符串和输出列表都是 printf()函数的参数，其中格式控制字符串用双引号括起来，用于指定输出列表中输出项的数据类型和输出形式；而输出列表是需要输出的一些数据，这些数据可以是常量、变量或表达式。

1）格式控制字符串包含两个信息，即格式说明部分和一般字符。

2）输出列表由 0 到多个具体输出项构成，各输出项中间用“,”分隔，这些输出项与格式控制中的格式说明符的个数和类型必须一一对应。

2. 格式控制

格式控制字符串用于指定输出的数据类型和输出形式。格式控制字符串中包括一般字符、格式说明符和附加格式说明符。

（1）一般字符

格式控制字符串中前面没有“%”的字符都是一般字符，可以是普通字符，也可以是转义字符。普通字符在输出时按原样依次输出，起到提示作用；转义字符会在输出时起到相应的控制作用（见 3.2.1 节）。

（2）格式说明符

格式控制字符串中的格式说明符由“%”和格式字符组成。对于不同类型的数据，要使用不同的格式说明符。printf()函数中常见的格式说明符如表 4-3 所示。

表 4-3　printf()函数中常见的格式说明符

输出类型	格式说明符	意义
整型数据	%d	以带符号十进制形式输出整型数（正数不输出符号）
	%o	以无符号八进制形式输出整型数（不输出前导符 0）
	%x	以无符号十六进制形式输出整型数（不输出前导符 0x）
	%u	以无符号十进制形式输出整型数
浮点型数据	%f	以小数形式输出单、双精度实型数
	%e	以指数形式输出单、双精度实型数
	%g	选用%f 或%e 中宽度较小的一种格式输出单、双精度实型数
字符型数据	%c	输出一个字符
	%s	输出字符串

（3）附加格式说明符

附加格式说明符放在“%”和类型描述符之间，用于指定输出数据的宽度、精度和对齐方式等输出形式。printf()函数中常见的附加格式说明符如表 4-4 所示。

表 4-4　printf()函数中常见的附加格式说明符

附加格式说明符	意义
-	数据输出时，结果左对齐，右边填充空格
+	输出时，数值数据无论正负都输出符号（正号或负号）
0	数据输出时，在数值前面多余的空格用 0 来代替
#	对格式字符 c、s、d、u 无影响；对格式字符 o（八进制），在输出时加前缀 0；对格式字符 x（十六进制），在输出时加前缀 0x；对格式字符 e、g、f，当结果有小数时才给出小数点
m	表示输出的最小宽度
.n	如果输出的是实型数据，则表示小数的位数；如果输出的是字符串，则表示输出字符的个数；若实际位数大于所定义的精度数，则截去超过的部分

在 printf()函数中，格式字符串的一般形式如下：

%[-][+][0][#][m][.n]类型格式符

其中，方括号“[]”中的项为可选项。可以看出，这些附加格式说明符是根据实际输出格式需要进行添加的。

例 4-1　执行下面的程序，观察 printf()函数中附加格式说明符的用法。

```
#include<stdio.h>
void main()
{
    float  a=1234.56789123;
    printf("%f\n",a);
    printf("%6.2f\n",a);
    printf("%15.2f\n",a);
}
```

程序运行结果如下：

```
1234.567871
1234.57
          1234.57
```

程序说明：

1）printf("%f\n",a)输出的值与实际的值不一致，这是因为单精度实型有效位数为 7 位，超过 7 位就是不准确值。

2）%6.2f 输出的值的实际位数超过指定宽度 6，按实际位数输出，四舍五入保留两位小数。

3）%15.2f 输出的值四舍五入保留两位小数，在宽度域内右对齐。这里的宽度是 15，所以前面补空格。

例 4-2　执行下面的程序，观察 printf()函数中格式说明符%c 和%d 的用法。

```
void main()
{
    char c1='A';
    printf("%c 的 ASCII 码是%d\n",c1,c1);
    c1=c1+5;
    printf("%c 的 ASCII 码是%d\n",c1,c1);
}
```

程序运行结果如下：

```
A的ASCII码是65
F的ASCII码是70
```

程序说明：

1）printf格式控制字符串中的“的ASCII码是”这几个字为普通字符，要原样输出。其中，%c是字符格式，将变量c1按字符格式输出为大写字母A；%d是十进制整型格式，将变量c1按十进制整型输出大写字母A的ASCII码65。

2）第6行语句虽然和第4行语句一样，但因为第5行“c1=c1+5;”这条赋值语句，c1的值由原来的65变成70，所以输出大写字母F及F的ASCII码70。

4.5.3 scanf()函数

1. scanf()函数调用的一般形式

scanf()函数称为格式输入函数，即按用户指定的格式从键盘上交互输入数据，并依次把数据存放到对应的变量中。

scanf()函数调用的一般形式如下：

```
scanf("格式控制字符串",地址列表);
```

括号中的格式控制字符串和地址列表都是scanf()函数的参数，其中格式控制字符串用双引号括起来，用于指定输入数据的类型和输入形式；地址列表中给出要赋值的各变量的地址。地址是由地址运算符“&”后跟变量名组成的。

2. 格式控制

scanf( )函数的格式控制字符串中包含普通字符、格式说明符和附加格式说明符。

（1）普通字符

格式控制字符串中前面没有“%”的字符都是普通字符，在输入数据时，普通字符要原样输入。

为了防止出错，在scanf()函数的格式控制字符串中尽量不要出现普通字符，尤其不能将输入提示放入其中，显示输入提示应该调用printf()函数实现。

（2）格式说明符

格式控制字符串中的格式说明符由“%”和格式字符组成，用于指定输入数据的类型。对于不同类型的数据，要使用不同的格式说明符。scanf()函数中常见的格式说明符如表4-5所示。

表4-5　scanf()函数中常见的格式说明符

输入类型	格式说明符	意义
整型数据	%d	输入十进制整数
	%o	输入八进制整数
	%x	输入十六进制整数
	%u	输入无符号十进制整数

续表

输入类型	格式说明符	意义
实型数据	f（lf）	输入小数形式的单精度实型数（双精度实型数）
	e（le）	输入指数形式的单精度实型数（双精度实型数）
字符型数据	c	输入单个字符
	s	输入字符串

（3）附加格式说明符

附加格式说明符放在“%”和类型描述符之间，“m”和“*”用于指定输入数据的宽度和不将读入的数据赋给对应的变量。

在scanf()函数中，格式字符串的一般形式如下：

```
%[*][m]类型格式符
```

其中，方括号“[]”中的项为可选项。

1）m：m是十进制整数，可以指定按m的宽度输入数据，系统自动按此宽度截取所需数据。

2）*：忽略读入的数据，即不将读入的数据赋给对应的变量。

例4-3　执行下面的程序，观察scanf()函数的用法。

```
#include<stdio.h>
void main()
{
    int a,b,c;
    printf("Enter three numbers:");  //输入提示
    scanf("%d,%d,%d",&a,&b,&c);
    printf("a=%d,b=%d,c=%d\n",a,b,c);
}
```

运行结果如下：

```
Enter three numbers:10,20,30↙（数据中间用逗号分隔）
a=10,b=20,c=30
```

程序说明：

1）scanf()函数格式控制字符串中有普通字符“,”，输入的3个数据之间也必须输入“,”进行分隔，才能正确地给变量赋值。

2）printf()函数格式控制字符串中有普通字符“a=　,b=　,c=　”，要原样输出。

例4-4　调用InputBox()函数，输入圆的半径的值，再利用circle()函数绘制半径相对应的圆。

```
#include<graphics.h>
#include<stdio.h>
#include<conio.h>
void main()
{
    initgraph(400,400);
    setorigin(200,200);
    setbkcolor(WHITE);
    cleardevice();
```

```
    char s[10];                    //定义字符串缓冲区，并接收用户输入
    int r;
    InputBox(s, 10, "请输入半径");
    sscanf(s, "%d", &r);            //将用户输入转换为数字
    setlinecolor(BLACK);
    circle(0, 0, r);
    getch();
    closegraph();
}
```

运行程序，如图4-10所示。输入100，运行结果如图4-11所示。

图4-10　例4-4运行结果

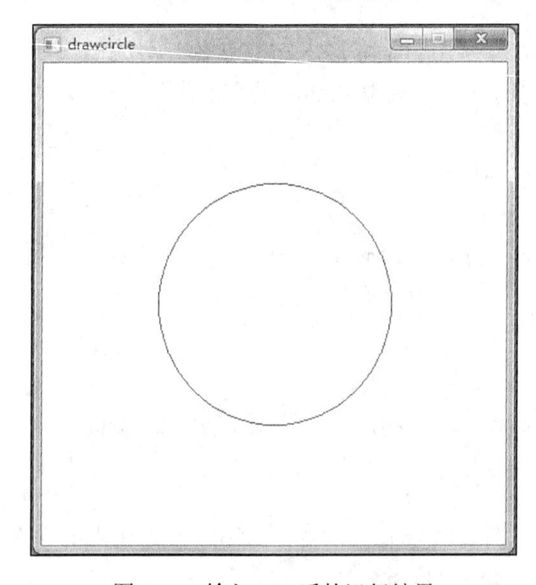

图4-11　输入100后的运行结果

程序说明：

1）定义了一个数组名为s的字符数组（数组将在第8章学习），数组长度为10，用来接收用户输入的字符串。

2）InputBox()函数以对话框形式获取用户输入，其中第1个参数是存储输入数据的数组名，第2个参数是限制用户输入内容的长度，第3个参数是对话框中的提示信息。

3）将用户输入转换为数字放入r变量地址中，sscanf()函数的功能是从一个字符串中按格式读入数据。

4）setlinecolor()函数设置画线颜色，参数BLACK必须为大写；也可以设置成RGB格式表示，如“setlinecolor (RGB(0,0,0));”也表示设置画线颜色为黑色。

思考：利用 scanf()函数输入圆的半径的值，应该如何修改程序呢？

4.5.4　字符数据的输入/输出

1. putchar()函数

putchar()函数是字符输出函数，其功能是在显示器上输出一个字符。其一般形式如下：

```
putchar(ch)
```

其中，ch 是 putchar()函数的参数，它可以是一个字符型变量或常量，也可以是一个转义字符。因为整型和字符型可以互相转换，所以参数 ch 还可以是一个整型变量或常量及整型表达式。当 ch 是整型数据时，输出该数值作为 ASCII 码所对应的字符。

例 4-5　执行下面的程序，了解 putchar()函数的用法。

```
#include<stdio.h>
void main()
{
    char c1='a';
    int x=97;
    putchar(c1);
    putchar(x);
    putchar(x-32);
    putchar('A');
    putchar('\n');
}
```

程序运行结果如下：

```
aaAA
```

程序说明：

1）putchar(c1)输出字符变量 c1 的值。

2）putchar(x)输出变量 x 的值 97 作为 ASCII 码对应的字符 a。

3）putchar(x-32)输出 x-32 的结果 65 作为 ASCII 码对应的字符 A。

4）putchar('A')输出字符常量 A。

5）putchar('\n')输出转义字符，起到换行作用。

putchar()函数是字符输出函数，可以输出字符变量的字符和整型变量作为 ASCII 码对应的字符，以及字符常量和转义字符。

2. getchar()函数

getchar()函数是字符输入函数，其功能是从键盘上输入一个字符。其一般形式如下：

```
getchar( )
```

getchar()函数没有参数，但一对圆括号不能省略。一个 getchar()函数只能接收一个字符，在程序中，执行到 getchar()函数时程序将暂停，接收到输入字符之后才继续执行程序。getchar()函数接收到的字符通常赋值给一个字符变量，构成赋值语句。

例 4-6　执行下面的程序，了解 getchar()函数的用法。

```
#include<stdio.h>
```

```
void main()
{
    char c1;
    printf("Enter a character:");
    c1=getchar();
    putchar(c1);
}
```

程序运行结果如下：

```
Enter a character:A↙
A
```

程序说明："c1=getchar();"表示 getchar()函数从键盘上获取一个字符赋值到字符变量 c1 中，这条语句完全等价于"scanf("%c", &c1);"语句。

思考与练习

1. 输入 a～z（或 A～Z）的一个英文字母，按顺序输出它的前一个字母和后一个字母。

2. 输入 3 个整型数，输出这 3 个数的和及平均值（平均值保留两位小数）。

3. 使用 getchar()函数和 putchar()函数时，必须在 main()函数之前加什么命令？

4. 输入两个变量 a 和 b，通过程序交换变量 a 和变量 b 的值。

5. 若 x 为 float 型变量，则下列程序的运行结果为（　　）。

```
main()
{
    float  x=123.45678;
    printf("%-4.2f\n",x);
}
```

A. 输出为 123.45　　B. 输出为-123.45

C. 输出为 123.46　　D. 输出格式描述符的域宽不够，不能输出

4.6　实例 7：海伦公式

海伦公式又译作希伦公式、海龙公式、希罗公式、海伦-秦九韶公式，传说是古代的叙拉古国王希伦（Heron，也称海龙）二世发现的公式。海伦公式利用三角形的 3 条边的边长直接求三角形面积，其特点是形式漂亮，便于记忆。

假设在平面内有一个三角形，边长分别为 a、b、c，可由海伦公式求三角形的面积 S，公式如下：

$$S = \sqrt{p(p-a)(p-b)(p-c)}$$

式中，$p = (a + b + c)/2$，即三角形周长的一半。

本实例编写一个已知 3 条边长，计算三角形面积的程序。该问题分析如下：

输入：3 条边的值；

处理：根据海伦公式计算面积；

输出：输出 3 条边长和面积。

实例 7 代码如下：

```
1   #include<stdio.h>
2   #include<math.h>
3   void main()
4   {
5       float a,b,c,s,p;
6       printf("Enter a,b,c:");
7       scanf("%f,%f,%f",&a,&b,&c);
8       p=1.0/2*(a+b+c);
9       s=sqrt(p*(p-a)*(p-b)*(p-c));
10      printf("a=%8.2f\nb=%8.2f\nc=%8.2f\np=%8.2f\n",a,b,c,p);
11      printf("s=%8.2f\n",s);
12  }
```

程序运行结果如下：

```
Enter a,b,c:3,4,5↙
a=  3.00
b=  4.00
c=  5.00
p=  6.00
s=  6.00
```

本实例中，sqrt(x)函数的作用是求参数 x 的平方根：

```
9   s=sqrt(p*(p-a)*(p-b)*(p-c));
```

“sqrt(p*(p-a)*(p-b)*(p-c));”语句求的是表达式 p*(p-a)*(p-b)*(p-c)的平方根，根据海伦公式，该平方根就是三角形的面积。

思考与练习

1. 将实例 7 中的第 8 行代码“p=1.0/2*(a+b+c);”改为“p=1/2*(a+b+c);”，程序运行结果如何？为什么？

2. 程序中调用了库函数 sqrt()，必须包含什么头文件？

3. 如果用户输入 3 条边的值不能构成三角形怎么办？

程 序 练 习

一、程序填空

1. 把程序填写完整，使其能够正确输出变量 a、b、c、d、e、f 的值。

具体程序如下：

```
#include<stdio.h>
void main()
{
    int a=10,b=20;
    char c='A',d='a';
```

```
    float e=15.6,f=3.14;
    printf(____________,a,b);
    printf(____________,c,d);
    printf("%f,%f\n",________);
}
```

2. 编写程序。

1）输入两个整数 a 和 b（设 a=100，b=17），输出商和余数。

具体程序如下：

```
#include<stdio.h>
void main()
{
    int a,b;
    float shang;
    a=100;
    b=17;
    shang=___________;
    printf("100 除以 17=%f\n",shang);
    printf("100 除以 17 的余数为%d\n",____________);
}
```

2）根据如下公式，进行华氏温度和摄氏温度间的转换。

$$℉=℃\times 9/5+32$$

$$℃=5/9\times(℉-32)$$

具体程序如下：

```
#include<stdio.h>
void main()
{   double a,b,c,f;
    a=17;
    b=84;
    f=a*9/5+32;
    c=_____________;
    printf("摄氏%.01f 度换算成华氏温度为%.1f 度。\n",a,f);
    printf("华氏%.01f 度换算成摄氏温度为%.1f 度。\n", _____);
}
```

3. 试编写求梯形面积的程序，数据由键盘输入。

提示：设梯形上底为 a，下底为 b，高为 h，面积为 s，则 s=(a+b)×h÷2。

具体程序如下：

```
#include<stdio.h>
void main()
{
    float a,b,h,s;
    printf("please input a,b,h:");
    scanf("%f%f%f",&a,&b,&h);
    s=______________;
    printf("a=%6.2f b=%6.2f h=%6.2f\n",____________);
    printf("_____________",s);/*面积保留 2 位小数*/
}
```

二、程序改错

1. 下面程序的功能是从键盘输入 3 个数，计算其平均值并在屏幕上输出，要求平均值保留两位小数。

具体程序如下：

```
#include<stdio.h>
void  main()
{
   int x,y,z,float ave;
   printf("请输入三个数：\n");
   scanf("%d,%d,%d",x,y,z);
   ave=x+y+z/3;
   printf("平均值是:ave=%f",AVE);
}
```

2. 下面程序的功能是输入一个 3 位数，并输出它的各位数字的立方和。

提示：分别求出 3 位数的百位数字、十位数字、个位数字，再求各位数字的立方和。变量 a 存储百位数字，变量 b 存储十位数字，变量 c 存储个位数字。

具体程序如下：

```
#include<stdio.h>
void main()
{
    int num,a,b;c;
    scanf("%d,%d",num);
    a=num%10;
    b=num%10/10;
    c=num/100;
    printf("百位数是：%d，十位数是：%d，个位数是：%d。\n",a,b,c);
    printf("%d 各位数字的立方和为%d。\n",num,aaa+bbb+ccc);
}
```

3. 下面程序的功能是交换两个整型变量 a 和 b 的值，程序中不借用第 3 个变量交换 a 和 b 的值。

具体程序如下：

```
#include<stdio.h>
void main()
{
    float a,b;
    a=10;
    b=20;
    b=a+b;
    a=a-b;
    b=a;
    printf("a=%f,b=%f\n",a,b);
}
```

三、程序设计

1. 从键盘输入一个十进制整型数，输出该数所对应的八进制数和十六进制数。

2. 一位商场营业员，其每个月的底薪是 2300 元，按她完成的销售额的 2%进行提成。用 scanf()函数输入本月的销售额，用 printf()函数输出本月的工资（工资=底薪+提成）。

3. 输入 A～Z 的一个大写英文字母，输出其对应的小写英文字母。

4. 编写一个程序，其功能为：从键盘输入圆的半径，计算圆的面积，并输出计算结果（保留两位小数）。

第 5 章　程序的分支结构

学习目标

1）理解分支结构程序设计思想。

2）了解关系运算和逻辑运算在选择结构中的运用。

3）掌握 if 语句的使用方法。

4）掌握 switch 语句的使用方法。

第 4 章学习的顺序结构是按照语句的书写顺序执行的，但有时却要求计算机能够对问题进行判断，根据判断结果选择不同的路径，以执行不同的处理，这实际上就是要求程序本身具有判断和选择能力，分支结构正是为了解决这类问题而设计的，所以分支结构也称为选择结构。

在 C 语言中，使用条件语句（if 和 switch）来实现选择，其中的条件可以用表达式来描述，如关系表达式和逻辑表达式。

5.1　实例 8：滚动的圆

绘制一个滚动的圆，遇到窗口左右两侧边框则折返继续滚动，直到按任意键停止。

实例 8 代码如下：

```
1   #include<graphics.h>
2   #include<conio.h>
3   #include<stdio.h>
4   void main()                           //主函数
5   {
6       initgraph(640,480);               //初始化图形模式
7       setorigin(320,240);               //设置原点为屏幕中央
8       setbkcolor(WHITE);                //使用白色填充背景
9       cleardevice();
10      setcolor(GREEN);
11      float x,y;
12      int i,f;
13      f=1;
14      x=0;y=0;
15      for(i=0; ;i++)
16      {   if(x<-320||x>320)
17              f=-f;
18              x=x+f*50;
19              setcolor(GREEN);
```

```
20 |            circle(x,y,15);
21 |            Sleep(200);
22 |         setcolor(WHITE);
23 |         circle(x,y,15);
24 |         }
25 |      getch();                          //等待按任意键
26 |      closegraph();                     //关闭图形模式
27 | }
```

程序运行结果如图 5-1 所示。

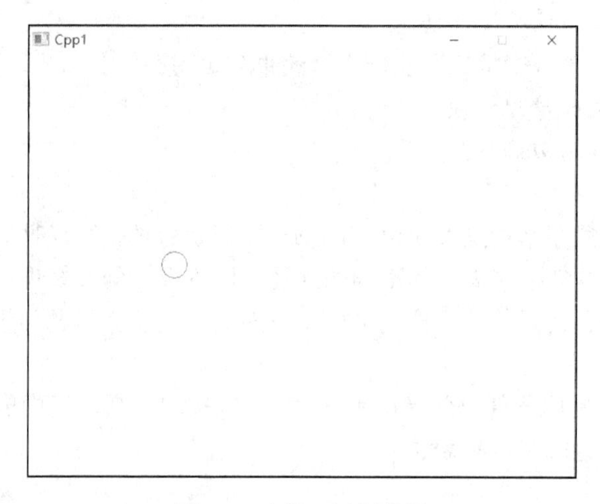

图 5-1　实例 8 运行结果

实例 8 中使用了 graphics.h 头文件中绘制图形的函数，并在第 1 行代码中通过预处理命令 include 添加该头文件声明；使用了 conio.h 头文件中控制输出的函数，并在第 2 行代码中通过预处理命令 include 添加该头文件声明。

```
1 | #include<graphics.h>
2 | #include<conio.h>
```

实例 8 中的第 4～27 行为 main()函数，其中第 4 行为函数头，第 5 行为函数体的开始，第 27 行为函数体的结束，第 6～26 行为 main()函数体中的语句。

定义两个实型变量 x 和 y，作为圆心坐标：

```
11 |     float x,y;
```

定义两个整型变量 i 和 f，i 表示循环变量，f 表示圆滚动的方向，f=1 则向右滚动，f=−1 则向左滚动：

```
12 |     int i,f;
```

如果到达左右边框，则向相反方向滚动：

```
16 |         {if(x<-320||x>320)
17 |            f=-f;
```

圆心 x 轴坐标的变化：

```
18 |         x=x+f*50;
```

绘制绿色圆：

```
19 |         setcolor(GREEN);
20 |         circle(x,y,15);
```

滞留时间，单位为 ms：

```
21 |        Sleep(200);
```

在绿色圆形上绘制白色圆形，实现圆形消失效果：

```
22 |        setcolor(WHITE);
23 |        circle(x,y,15);
```

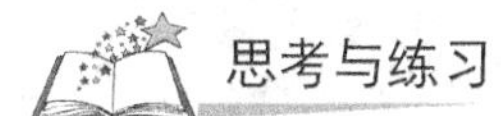

如果绘制红色的圆，程序如何修改？

5.2　if 语句

分支结构也称选择结构，它体现了程序的判断能力。选择结构根据程序的判断结果来确定某些操作是做还是不做，或者从多个操作中选择一个来执行。if 语句可以构成分支语句，其基本形式包括双分支 if 语句、单分支 if 语句、多分支 if 语句及 if 语句的嵌套。

5.2.1　双分支 if 语句

图 5-2 所示为典型的双分支 if 语句执行流程，该语句的一般形式如下：

```
if(表达式)
   语句 1;
else
   语句 2;
```

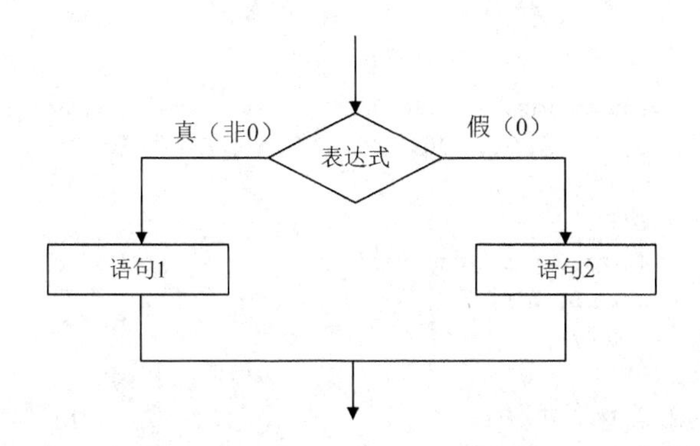

图 5-2　典型的双分支 if 语句执行流程

双分支 if 语句的执行流程：先求解表达式，如果表达式的值为“真”，则执行语句 1；否则（表达式的值为“假”），执行语句 2。语句 1 和语句 2 必须要执行一个，但是不会都执行。

例 5-1　输入任意一个 3 位正整数，判断其是否为水仙花数。例如，$153=1^3+5^3+3^3$，则 153 是水仙花数。

```
#include<stdio.h>
int main()
```

```
{
   int n,bai,shi,ge;
   printf ("请输入一个三位正整数:\n");
   scanf ("%d", &n);
   bai=n/100;            //求出百位数
   shi=n%100/10;         //求出十位数
   ge=n%10;              //求出个位数
   if(n==bai*bai*bai+shi*shi*shi+ge*ge*ge)
      printf("%d 是水仙花数！ \n",n);
   else
      printf ("%d 不是水仙花数！ \n",n);
 return 0;
}
```

1）输入数据不是水仙花数的情况。程序运行结果如下：

```
请输入一个三位正整数:
234
234 不是水仙花数！
```

2）输入数据是水仙花数的情况。程序运行结果如下：

```
请输入一个三位正整数:
153
153 是水仙花数！
```

例 5-2 判断年龄，如果小于 18 岁，则输出向左箭头，否则输出向右箭头。

```
#include<stdio.h>
#include<graphics.h>
int main()
{
    int age=13;
    if(age<18)
    {  int gdriver,gmode,i;
       int  point[16]={200,100,100,100,100,110,70,95,100,80,100,90,200,
90,200,100};
       gdriver=DETECT;
       initgraph(&gdriver,&gmode,"");
       setbkcolor(YELLOW);
       cleardevice();
       setcolor(BLUE);
       drawpoly(8,point);
       getchar();
       closegraph();}
    else
    {  int gdriver,gmode,i;
       int point[16]={200,100,300,100,300,110,330,95,300,80,300,90,200,
90,200,100};
       gdriver=DETECT;
       initgraph(&gdriver,&gmode,"");
       setbkcolor(YELLOW);
       cleardevice();
       setcolor(BLUE);
```

```
        drawpoly(8,point);
        getchar();
        closegraph();}
      return 0;
  }
```

程序运行结果如图 5-3 和图 5-4 所示。

图 5-3　小于 18 岁运行结果　　　　图 5-4　大于 18 岁运行结果

5.2.2　单分支 if 语句

当双分支 if 语句中的 else 分支被省略时，则成为单分支 if 语句。单分支 if 语句的执行流程如图 5-5 所示。

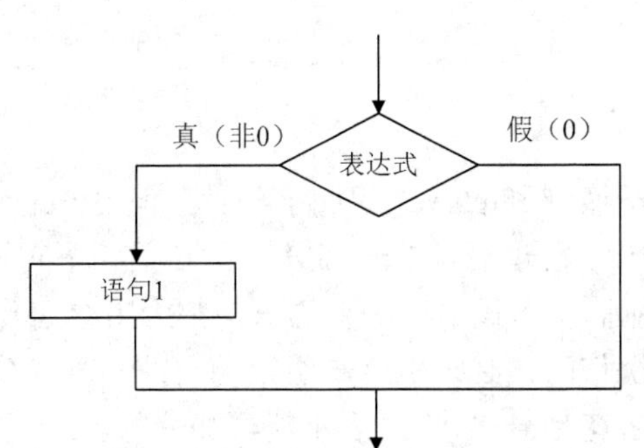

图 5-5　单分支 if 语句的执行流程

单分支 if 语句的一般形式如下：

```
if(表达式)语句 1;
```

单分支 if 语句的执行流程：先求解表达式，如果表达式的值为“真”，则执行语句 1；否则（表达式的值为“假”），就什么也不做。

例 5-3　从键盘输入任意两个不相等的正整数，比较两个数的大小，并输出两个数中的较大数。

```
#include<stdio.h>
int main()
{
   int a,b,max;
   printf("请输入两个不相等的正整数：\n");
   scanf("%d,%d",&a,&b);
   max=a;
   if(b>max)
      max=b;
```

```
    printf("%d\n",max);
    return 0;
}
```

程序运行结果如下：

```
请输入两个不相等的正整数：
9,15
15
```

说明：

1）if 语句的条件表达式一般是逻辑表达式或关系表达式，但也可以是其他任何类型的表达式，如赋值表达式等，甚至也可以是一个变量。例如，if(a=3)和 if(b)括号中都是合法的表达式。只要表达式的值非 0 即为“真”，表达式的值为 0 即为“假”。例如，在“if(a=5) printf("y=%f ",y);”语句中，表达式 a=5 的值永远为非 0，条件永远为“真”，所以其后的语句总是执行，这种情况在程序中一般不应出现。这里要注意的是，初学者经常会混淆赋值运算符“=”和关系运算符中的相等运算符“==”，如判断 a 的值是否等于 2 应写为 a==2，而不应写为 a=2。

2）在 if 语句中，条件表达式必须用括号括起来。在每一个分支子语句之后必须加分号，整个语句结束处也必须有分号。例如：

```
if(a>b)
  max=a;
else
  max=b;
```

这里要注意的是，虽然 if 和 else 之间加了分号，但 if…else 仍是一条语句，都同属于一个 if 语句，else 语句也是 if 语句的一部分，和 if 语句配对使用，不能单独使用。

3）在 if 语句的 3 种基本形式中，所有的语句都为单个语句，如果想在某个分支执行多条语句构成的一组操作时，必须把这一组语句用花括号“{}”括起来组成一个复合语句。同时要注意，在右花括号“}”之后不能再加分号。

5.2.3 多分支 if 语句

当双分支 if 语句中的 else 分支中又包含 if…else 语句时，即构成多分支 if 语句。

多分支 if 语句的一般形式如下：

```
if(表达式 1)语句 1;
else if(表达式 2)语句 2;
  ⋮
  else if(表达式 n)语句 n;
    else 语句 n+1;
```

多分支 if 语句的执行流程：依次判断表达式的值，当某个表达式的值为“真”时，则执行其对应的语句，然后跳到整个 if 语句之后继续执行程序；如果所有的表达式均为“假”，则执行语句 n+1，然后继续执行后续语句。

例 5-4 输入一个百分制成绩，输出对应等级。成绩为 90～100 分，等级为 A；成绩为 80～90 分，等级为 B；成绩为 70～80 分，等级为 C；成绩为 60～70 分，等级为 D；成绩为 60 分以下，等级为 E。

```
#include<stdio.h>
int main()
{
   float score;
   char grade;
   printf("请输入百分制成绩：\n");
   scanf("%f",&score);
   if(score>=90 && score<=100)
      grade='A';
   else if(score>=80 && score<90)
      grade='B';
   else if(score>=70 && score<80)
      grade='C';
   else if(score>=60 && score<70)
      grade='D';
   else if(score>=0 && score<60)
      grade='E';
   else
   {
       printf("成绩输入错误！");
      grade='0';
   }
   printf("你的成绩是：%.1f,对应成绩等级是：%c",score,grade);
   printf("\n");
   return 0;
}
```

程序运行结果如下：

```
请输入百分制成绩：
79.5
你的成绩是：79.5，对应成绩等级是：C
```

5.2.4　if 语句的嵌套

当 if 语句中的语句体又是 if 语句时，就构成了 if 语句的嵌套。其一般形式如下：

```
if(表达式)
    if(表达式)语句11;
    else      语句12;
else
    if(表达式)语句21;
    else      语句22;
```

可以看到，嵌套的 if 语句又是 if…else 的形式，这将会出现多个 if 和 else 的情况，这时要特别注意 if 和 else 的配对问题。C 语言规定，else 总是与它前面最近的一个没有配对的 if 配对。

例 5-5　分段函数如下所示，输入以下几个程序，请判断哪个是正确的？

$$y=\begin{cases}1, x>0\\0, x=0\\-1, x<0\end{cases}$$

程序 1：

```
#include<stdio.h>
int main()
{
   int x,y;
   scanf("%d",&x);
   if(x<0)
     y=-1;
   else
     if(x==0) y=0;
     else y=1;
   printf("x=%d,y=%d\n",x,y);
   return 0;
}
```

程序 2：将程序 1 的 if 语句（第 6～10 行）改写为

```
if(x>=0)
   if(x>0) y=1;
   else y=0;
else y=-1;
```

程序 3：将程序 1 的 if 语句（第 6～10 行）改写为

```
y=-1;
if(x!=0)
   if(x>0) y=1;
   else y=0;
```

程序 4：将程序 1 的 if 语句（第 6～10 行）改写为

```
y=-1;
if(x!=0)
   {if(x>0) y=1;}
else y=0;
```

经分析和验证，程序 1、程序 2 和程序 4 是正确的，程序 3 的 else 是和它上一行的 if（第 2 个 if）配对的，而不是与第一个 if 配对。

5.2.5 条件运算符和条件表达式

条件运算符是 C 语言中一个特殊的运算符，由“?”和“:”组合而成。条件运算符是三目运算符，要求有 3 个操作对象，并且 3 个操作对象都是表达式。条件运算符的优先级仅高于赋值运算符和逗号运算符。

条件表达式的一般形式如下：

```
表达式 1?表达式 2:表达式 3
```

条件运算的执行过程：计算表达式 1 的值，若为“真”，则以表达式 2 的值作为整个条件表达式的值，否则以表达式 3 的值作为整个条件表达式的值。

在双分支 if 语句中，若每个分支只执行单个赋值语句，常使用条件运算符来表示，这样的写法可以使程序更简练且高效。例如：

```
if(a>b) max=a;
else max=b;
```

用条件运算符可以表示为

```
max=(a>b)?a:b;
```

执行时先计算(a>b)的值，若为“真”，则条件表达式取值为 a，否则取值为 b。

说明：

1）条件表达式中，表达式 1 通常为关系或逻辑表达式，表达式 2、3 可以是任意表达式类型（含条件表达式）。

2）条件表达式的结果类型为表达式 2 和表达式 3 中的较高者，如：

```
y<3?-1.0:1;
```

若 y==2，则表达式的值为-1.0；若 y==4，则表达式的值为 1.0（由整型变成实型）。

3）条件运算符的优先级低于关系运算符和算术运算符，高于赋值运算符。因此，表达式 max=(a>b)?a:b 可以去掉括号，写为 max=a>b?a:b，执行时意义是相同的。

4）条件运算符的结合方向是自右至左。例如，a>b?a:c>d?c:d 等价于 a>b?a:(c>d?c:d)。

if 语句与条件运算符的比较如下：

1）if 语句属于分支语句，而条件运算符仅属于运算符。

2）条件运算符能够实现的功能，if 语句都可以实现；相反，if 语句能够实现的功能，条件运算符不一定能够实现，如 if 语句的嵌套如果使用条件运算符表达将非常麻烦。

3）在实际应用中，如果是简单的条件判断，如二选一，则使用 if 语句或条件运算符皆可，有时采用条件运算符更方便；如果是相对复杂的条件判断，如多选一，则适合使用 if 语句。

思考与练习

1. 有如下程序：

```
int a=3,b=2,c=1;
if(a>b>c)a=b;
else a=c;
```

则 a 的值为（　　）。

A. 3　　B. 2　　C. 1　　D. 0

2. “if(!k) a=3;”语句中的!k 可以改写为________，其功能不变。

3. 运行以下程序，输入“2,7”之后的运行结果是________。

```
#include<stdio.h>
int main()
{
    int s,t,a,b;
    scanf("%d,%d",&a,&b);
    s=1;
    t=1;
    if(a>0)
      s=s+1;
    if(a>b)
      t=s+t;
    else
      if(a==b)
```

```
    t=5;
  else
    t=2*s;
  printf("s=%d,t=%d\n",s,t);
  return 0;
}
```

4. 为例 5-2 中的箭头填充颜色并输出。

5.3 switch 语句

if 语句适用于处理从两者间选择其一的情况，当要从多种可能性中进行选择时，就要用到 if…else 的嵌套形式。当分支较多时，程序会变得复杂冗长，可读性降低。因此，C 语言提供了 switch 这种开关语句，专门用来处理多个分支的情况，使程序变得简洁。

switch 语句的一般形式如下：

```
switch(表达式)
{
    case 常量表达式1：语句组1;
    case 常量表达式2：语句组2;
    ⋮
    case 常量表达式n：语句组n;
    default：语句组n+1;
}
```

switch 语句的执行流程：首先计算表达式的值，并逐个与其后的常量表达式的值进行比较；当表达式的值与某个常量表达式的值相等时，即执行该常量表达式后的语句组，然后不再进行判断，继续执行下面所有常量表达式后的语句组；如果表达式的值与所有的常量表达式的值均不相同，则执行 default 后面的语句组。

例 5-6　输入一个十进制正整数，输出其对应的英文星期单词，如果输入的数小于 1 或者大于 7，则输出 Error。

```
#include<stdio.h>
int main()
{
    int a;
    scanf("%d",&a);
    switch(a)
    {
      case 1:printf("Monday\n");
      case 2:printf("Tuesday\n");
      case 3:printf("Wednesday\n");
      case 4:printf("Thursday\n");
      case 5:printf("Friday\n");
      case 6:printf("Saturday\n");
      case 7:printf("Sunday\n");
      default:printf("Error\n");
    }
    return 0;
}
```

程序运行结果如下：

```
4
Thursday
Friday
Saturday
Sunday
Error
```

显然，只利用 switch 语句和 case 语句不能正确解决问题。这是因为在 switch 语句中，"case 常量表达式"只具有语句标号的作用，即程序仅根据 case 后面表达式的值找到匹配的入口标号，并从此处开始不再进行判断，一直执行下去。为了解决这个问题，C 语言提供了 break 语句，专门用于跳出 switch 语句。使用 break 语句的 switch 语句的一般形式如下：

```
switch(表达式)
{
    case 常量表达式 1: 语句组 1;break;
    case 常量表达式 2: 语句组 2;break;
     ⋮
    case 常量表达式 n: 语句组 n;break;
    default: 语句组 n+1;
}
```

例 5-7　利用 switch 语句和 break 语句改写例 5-6 的源程序。

```
#include<stdio.h>
int main()
{
    int a;
    scanf("%d",&a);
    switch(a)
    {
      case 1:printf("Monday\n");break;
      case 2:printf("Tuesday\n"); break;
      case 3:printf("Wednesday\n"); break;
      case 4:printf("Thursday\n"); break;
      case 5:printf("Friday\n"); break;
      case 6:printf("Saturday\n"); break;
      case 7:printf("Sunday\n"); break;
      default:printf("Error\n");
    }
    return 0;
}
```

思考与练习

1. 下面说法中，正确的是（　　）。

   A. 在 switch 语句中不一定要使用 break 语句

   B. break 语句是 switch 语句的一部分

   C. break 语句只能用于 switch 语句

D. 在 switch 语句中一定要使用 break 语句

2. 下列程序的运行结果是________________。

```
#include<stdio.h>
int main()
{
    char c='b';
    int k=4;
    switch(c)
    {
        case 'a':k=k+1;break;
        case 'b':k=k+2;
        case 'c':k=k+3;
    }
    printf("%d\n",k);
    return 0;
}
```

3. 利用 switch 和 break 语句改写例 5-4 输出成绩等级的源程序。

5.4 实例 9：鼠标绘图

在窗口中随着鼠标指针移动绘制出移动轨迹，单击则绘制蓝色圆点。

实例 9 代码如下：

```
1   #include<graphics.h>
2   #include<conio.h>
3   void main()
4   {
5       initgraph(600, 400);
6       setbkcolor(WHITE);
7       setfillcolor(BLUE);
8       cleardevice();
9       MOUSEMSG m;
10      while(true)
11      {
12          m = GetMouseMsg();
13          switch(m.uMsg)
14          {
15              case WM_MOUSEMOVE:
16                  putpixel(m.x, m.y, RED);
17                  break;
18              case WM_LBUTTONDOWN:
19                  solidcircle(m.x, m.y, 8);
20                  break;
21          }
22      }
23      closegraph();
24  }
```

程序运行结果如图 5-6 所示。

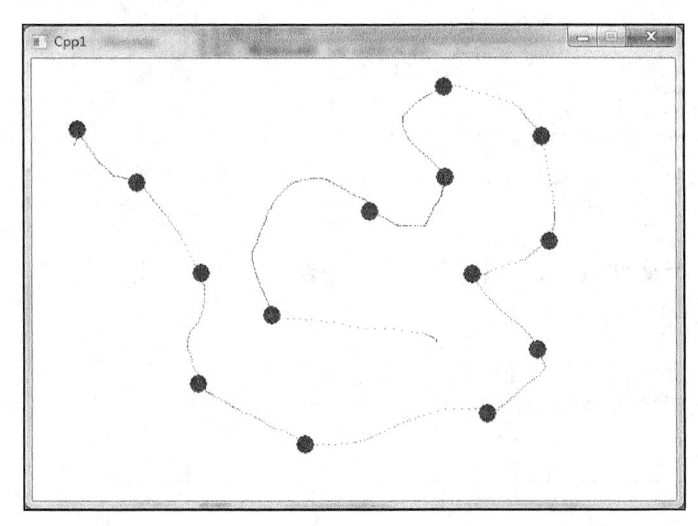

图 5-6　实例 9 运行结果

1）初始化图形窗口：

```
5  |      initgraph(600, 400);
6  |      setbkcolor(WHITE);
```

2）定义鼠标消息：

```
9  |      MOUSEMSG m;
```

3）获取一条当前鼠标消息，并通过 switch 判断：

```
12 |          m = GetMouseMsg();
13 |          switch(m.uMsg)
```

4）鼠标指针移动时绘制红色小点：

```
15 |              case WM_MOUSEMOVE:
16 |                  putpixel(m.x, m.y, RED);
```

5）单击时绘制蓝色圆：

```
18 |              case WM_LBUTTONDOWN:
19 |                  solidcircle(m.x, m.y, 8);
```

思考与练习

如果右击表示绘制空心圆，程序应如何修改？

程 序 练 习

一、程序填空

1. 输入一个字符，如果它是一个大写字母，则把它变成小写字母；如果它是一个小写字母，则把它变成大写字母；其他字符不变。请在下画线上填入正确的内容。

```
#include<stdio.h>
```

```
void main()
{   char ch;
    scanf("%c",&ch);
    if(____________________)
        ch=ch+32;
    else if(ch>='a' && ch<='z')
        ____________________;
    printf("%c",ch);
}
```

2. 输入 3 个整数 x、y、z，请把这 3 个整数由小到大输出。

```
#include<stdio.h>
void main()
{   int x,y,z,t;
    scanf("%d%d%d",&x,&y,&z);
    if(x>y)
        ____________________________________________;
    if(x>z)
        ____________________________________________;
    if(y>z)
        ____________________________________________;
    printf("small to big: %d %d %d\n",x,y,z);
}
```

3. 输入一个正整数，判断其若既是 7 的倍数又是 8 的倍数，则输出“正确”，否则输出“错误”。

```
#include<stdio.h>
void main()
{   int n;
    printf("please input a number:");
    scanf("%d ",&n);
    if (_____________________)
        printf("正确");
        _______________
        printf("错误");
}
```

二、程序改错

1. 下面程序需要从键盘输入一个数，判断其是奇数还是偶数，改正程序中的错误并运行。

```
#include<stdio.h>
void main()
{  int x;
   printf("请输入一个数：/n");      //提示输入
   scanf("%d",&x);
   if(x==2*n);                     //判断
      printf("x是偶数");
      printf("x是奇数");
}
```

2. 改正下面程序中的错误，输入 x，计算分段函数 f(x)的值（保留 3 位小数）。

$$y=f(x)=\begin{cases} 0 & (x=0) \\ x^2+\frac{2}{3}(x+1) & (x \neq 0) \end{cases}$$

```
#include<stdio.h>
void main()
{   float x,y;
    printf("Input x:");
    scanf("%d",x);
    if(x=0)
       y=0;
    else
       y=x^2+2/3(x+1);
    printf("y=%.3f\n",y);
}
```

改正后程序的运行结果如下：

```
Input x: 5.6
y=35.760
```

三、程序设计

1. 从键盘输入一个正整数作为年份，编程判断该年是否为闰年，若是，则输出 Yes；否则输出 No。

提示：闰年的条件如下。

1）能被 4 整除，但不能被 100 整除的年份。

2）能被 400 整除的年份。

2. 输入三条边 a、b、c，判断是否能构成三角形，如能构成三角形，则用海伦公式计算其面积。

提示：

1）构成三角形的条件是 $a+b>c$ 且 $|a-b|<c$。

2）海伦公式为 $s=\sqrt{p(p-a)(p-b)(p-c)}$，其中 $p=(a+b+c)/2$。

第 6 章　程序的循环结构

学习目标

1）掌握构成循环结构的语句。

2）掌握循环的嵌套。

3）掌握 break、continue 语句的用法。

4）掌握循环结构的应用。

循环即为重复，编程过程中经常要有重复做的操作，在程序设计中这些重复做的操作可以通过编写循环结构来实现。

6.1　构成循环体的语句

第 4 章和第 5 章已经详细介绍了如何利用顺序结构和选择结构来完成程序设计，本章将详细介绍循环结构程序设计方法。

例 6-1　绘制同心圆。

问题分析：如想要绘制一个正圆，可以通过以下源程序来实现。

```
#include<graphics.h>
void main()
{
    initgraph(640,480);       //initgraph()函数初始化图形系统，设置图像窗口大小
                              //为 640 像素×480 像素
    circle(320,240,30);       //以(320,240)坐标位置为圆心绘制半径为 30 的圆
    Sleep(50000);             //等待 50000ms
    closegraph();
}
```

程序运行结果如图 6-1 所示。

如果想要继续在同一圆心处绘制 5 个半径依次增大 20 的同心圆应如何来实现呢？

我们可对代码进行如下修改：

```
#include<graphics.h>
void main()
{
    initgraph(640, 480);      //initgraph()函数初始化图形系统，设置图像窗口大小
                              //为 640 像素×480 像素
    circle(320,240, 30);      //以(320,240)坐标位置为圆心绘制半径为 30 的圆
    circle(320,240, 30+20); //以(320,240)坐标位置为圆心绘制半径为 50 的圆
    circle(320,240, 30+20+20);  //以(320,240)坐标位置为圆心绘制半径为 70 的圆
    circle(320,240, 30+20+20+20);//以(320,240)坐标位置为圆心绘制半径为 90 的圆
```

```
    circle(320,240, 30+20+20+20+20);//以(320,240)坐标位置为圆心绘制半径为110的圆
    Sleep(50000);             //等待50000ms
    closegraph();
}
```

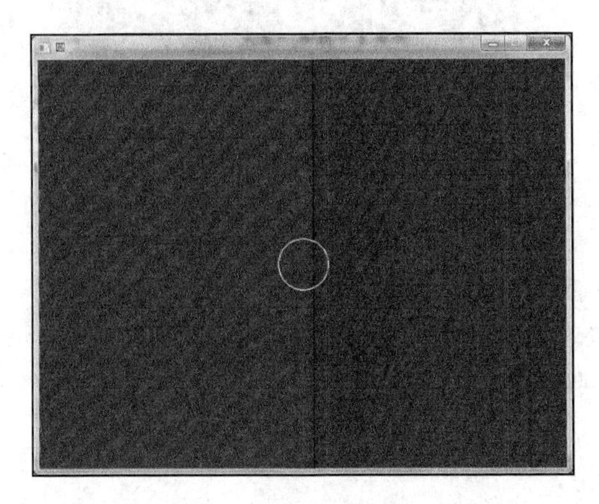

图6-1 例6-1运行结果

由此可见，绘制圆的操作是重复的，唯一的变化是圆的半径。倘若只需要绘制5个这样的同心圆，只需要5条调用circle()函数的语句即可，但若要绘制10个、20个或者更多呢？重复操作的语句就会不断增加，导致程序冗长。在这种有操作不断重复的情况下，就可以借助于循环结构来实现。其具体代码如下：

```
#include<graphics.h>
void main()
{   int i;
    initgraph(640, 480);  //initgraph()函数初始化图形系统，设置图像窗口大小为
                          //640像素×480像素
    for(i=0;i<=200;i=i+20)
    circle(320,240, 30+i);//以(320,240)坐标位置为圆心绘制半径为30依次递增20
                          //的同心圆
    Sleep(50000);         //等待50000ms
    closegraph();
}
```

在程序中，只需要增加循环变量i，让i的值从0开始变化到200即可，i的值每次增加20。重复执行绘制圆的操作，让圆的半径每次增加20，从而实现同心圆的绘制。运行结果如图6-2所示。

程序中绘制圆的操作即为重复执行的操作，当在程序中遇到有重复执行的操作时，就可以借助于循环结构来实现。循环结构可以减少源程序重复书写的工作量，用来描述重复执行的某段算法，这是程序设计中最能发挥计算机特长的程序结构。如果想要产生更多的同心圆，只要修改循环语句“for(i=0;i<=200;i=i+20)”就可以实现，整个程序的长度并不发生改变。

循环结构的特点：在给定条件成立时，反复执行某程序段，直到条件不成立为止。给定的条件称为循环条件，反复执行的程序段称为循环体。

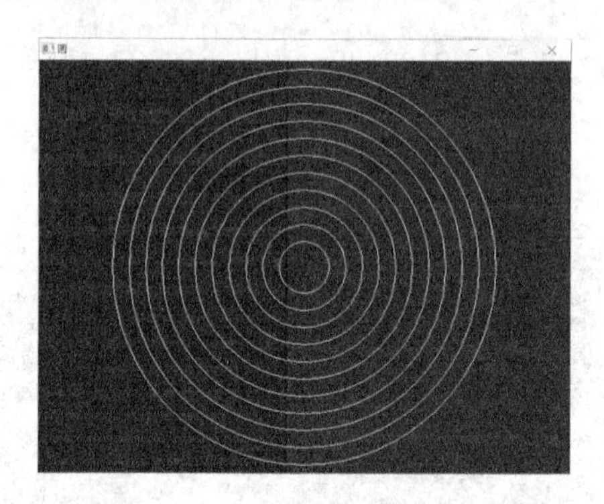

图 6-2　绘制同心圆的运行结果

上述源程序中的循环条件即为 i<=200，循环体即为 circle(320,240, 30+i)。

C 语言提供了多种循环语句，可以组成各种不同形式的循环结构。

1）while 语句。

2）do…while 语句。

3）for 语句。

4）goto 语句和 if 语句构成循环。

6.1.1　while 语句

while 语句的一般形式如下：

```
while(表达式)
    语句;
```

其中，表达式是循环条件，语句为循环体。

while 语句的语义是：计算表达式的值，当值为“真”（非 0）时，执行循环体语句。其执行过程如图 6-3 所示。

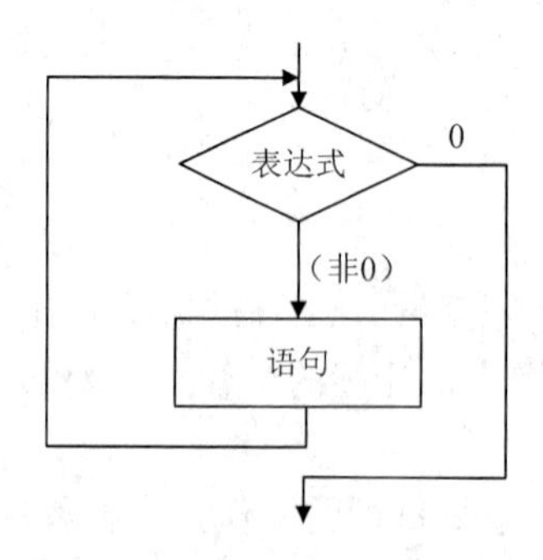

图 6-3　while 语句的执行过程

说明：

1）while 语句中的表达式一般是关系表达式或逻辑表达式，只要表达式的值为“真”（非 0）即可继续循环。

2）当需要执行多条语句时，应使用花括号“{ }”将其括起来组成一个复合语句。

3）while 语句是先判断条件，后执行循环体，为当型循环，因此若条件不成立，有可能一次也不执行循环体。例如：

```
i=6;
while(i<4)
   i++;
printf("%d",i);
```

循环条件 i<4 不满足，循环体 i++一次都不被执行，输出的 i 值仍为 6。若 i 的初值改为 2，则输出结果为 4。

4）一般情况下，while 型循环最适合于这种情况：知道控制循环的条件为某个逻辑表达式的值，而且该表达式的值会在循环中被改变。

例 6-2　用 while 语句求 1+2+3+4+…+100 的和。

问题分析：首先思考，在该表达式求和的过程中是否有重复的操作？其实该问题就是不断地对 1～100 的数进行求和操作。

因此可得到算法设计如下：

1）累计求和初值 s=0。

2）累计求和计数器 i=1。

3）若计数次数未超过 100，则重复执行 4）和 5）步。

4）进行累计求和计算 s=s+i。

5）累计求和计数器自动加 1，即 i=i+1。

6）输出累计求和结果 s。

具体程序如下：

```
#include<stdio.h>
void main()
{   int i=1,s=0;
    while(i<=100)
        {
            s=s+i;
            i++;
        }
    printf("1~100 的和为%d\n",s);
}
```

程序运行结果如下：

```
1～100 的和为 5050
```

思考：

1）若题目改为 1～100 的偶数和，程序应该如何修改？

2）若删除语句“i++;”会出现什么情况？

例 6-3　求 5 的阶乘。

问题分析：5!=5×4×3×2×1，即 5!=1×2×3×4×5，因而可利用变量 i 从 1 变化至 5，累计求乘积即可。累计求和与累计求乘积的问题通常情况下都通过循环结构来实现，但一般求和题目保留求和结果的变量初值通常从 0 开始，但累计求乘积题目中保留乘积结果的变量初值为 1。具体程序如下：

```
#include<stdio.h>
void main()
```

```
{  int t=1,i=1;
   while (i<=5)
   {  t=t*i;
      i++;
   }
   printf("5! =%d",t);
}
```

程序运行结果如下：

```
5! =120
```

例 6-4 统计从键盘上输入一行字符的个数。

问题分析：从键盘上输入一行字符要以回车作为结束符，因而本题中设置的循环条件应为“getchar()!='\n'”，其意义是只要从键盘输入的字符不是回车就继续统计个数。利用循环变量n进行++操作，完成对输入字符个数的计数，从而实现对输入一行字符的字符个数的统计。具体程序如下：

```
#include<stdio.h>
void main()
{
   int n=0;
   printf("input a string:\n");
   while(getchar()!='\n')
      n++;
   printf("%d",n);
}
```

程序运行结果如下：

```
input a string:
abcdefg↙
7
```

例 6-5 利用辗转相除法求两个整数的最大公约数和最小公倍数。

问题分析：辗转相除法是利用以下性质来确定两个正整数m和n的最大公因子的。

1）保证m>n。

2）m÷n，令r为所得余数，若 r=0，算法结束，n即为答案。

3）若r不为0，则互换：让除数作被除数即m←n，再让余数作除数即n←r，并返回2）。

具体程序如下：

```
#include<stdio.h>
void main()
{  int n,m,nm,r,t;
   printf("Enter m,n=?");
   scanf("%d%d",&m,&n);
   nm=n*m;
   if (m<n)                        //若被除数小于除数，则将两数互换
      {t=m; m=n; n=t;}
   r=m%n;
   while (r!=0)
      { m=n;
        n=r;
```

```
        r= m%n; }
printf("最大公约数为%d\n", n);
printf("最小公倍数为%d\n", nm/n);
}
```

程序运行结果如下：

```
Enter m,n:12 8↙
最大公约数为 4
最小公倍数为 24
```

其中，nm 为输入的两个数的乘积，求得最大公约数后用原来两数的乘积再除以求得的最大公约数即为两个数的最小公倍数。

6.1.2　do…while 语句

do…while 语句的一般形式如下：

```
do
    语句
while(表达式);
```

do…while 语句先执行循环体语句一次，再判别表达式的值，若为“真”（非 0）则继续循环，否则终止循环。其执行过程如图 6-4 所示。

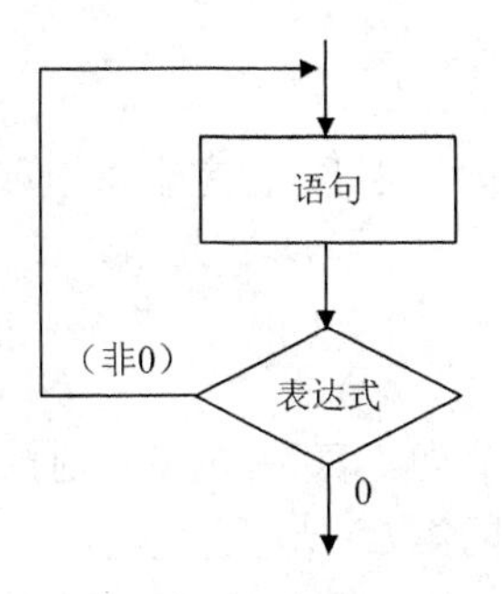

图 6-4　do…while 语句的执行过程

例 6-6　用 do…while 语句求 1+2+3+4+…+100 的和。

```
#include<stdio.h>
void main()
{
   int i=1,s=0;
   do{
        s=s+i;
        i++;
     }while(i<=100);
   printf("1~100 的和为%d\n",s);
}
```

程序运行结果如下：

```
1~100 的和为 5050
```

例 6-7　输出 1～100 所有能被 6 整除的数。

问题分析：判断一个数能否被 6 整除，只需通过对 6 求余，看余数是否为 0 即可。让循环变量 i 从 1 变化至 100，依次判断是否满足条件，满足即输出。具体程序如下：

```
#include<stdio.h>
void main()
{ int i=1;
    do{
            if(i%6==0)
            printf("%d\t" ,i);
            i++;
       }while(i<=100);
}
```

程序运行结果如下：

```
6    12    18    24    30    36    42    48    54    60
66   72    78    84    90    96
```

由do…while语句构成的循环结构中，当有许多语句参加循环时，同样需要用花括号“{}”把它们括起来。

一般情况下，可以将while语句与do…while语句进行转换，但它们之间也有区别。do…while循环与while循环的不同在于：do…while循环先执行循环中的语句，然后判断表达式是否为“真”，如果为“真”则继续循环，如果为“假”则终止循环。因此，do…while循环至少要执行一次循环语句，即为直到型循环。

6.1.3 for语句

在C语言中，for语句使用最为灵活，它完全可以取代while语句。其一般形式如下：

```
for(表达式1;表达式2;表达式3) 语句
```

for语句的执行过程如下：

1）计算表达式1的值。

2）计算表达式2的值，若值为“真”（非0）则执行循环体一次，否则跳出循环。

3）计算表达式3的值，转回第2）步重复执行。

在整个for循环过程中，表达式1只计算一次，表达式2和表达式3则可能计算多次。

for语句的执行过程如图6-5所示。

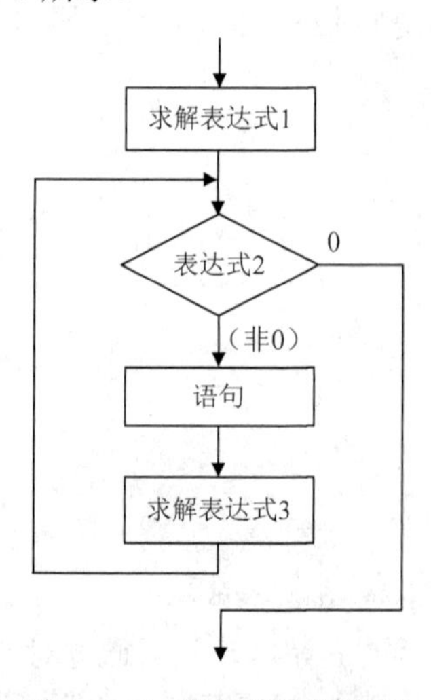

图6-5 for语句的执行过程

for 语句最简单的应用形式也是最容易理解的形式如下：

```
for(循环变量赋初值;循环条件;循环变量增量)
```

循环变量赋初值总是一个赋值语句，它用来给循环控制变量赋初值；循环条件是一个关系表达式，它决定什么时候退出循环；循环变量增量定义循环控制变量每循环一次后按什么方式变化。这 3 个部分之间用“;”分开。

例 6-8　用 for 语句求 1+2+3+4+…+100 的和。

```
#include<stdio.h>
void main()
{
        int i,s=0;
        for(i=1;i<=100;i++)
          s=s+i;
        printf("1～100 的和为%d\n",s);
}
```

程序运行结果如下：

```
1～100 的和为 5050
```

for 语句构成循环的注意事项如下：

1）for 循环中的表达式 1（循环变量赋初值）、表达式 2（循环条件）和表达式 3（循环变量增量）都是选择项，即可以省略，但“;”不能省略。

① 省略了表达式 1，表示不对循环控制变量赋初值。

② 省略了表达式 2，则不做其他处理时便成为死循环。例如：

```
for(i=1;;i++)s=s+i;
```

相当于

```
i=1;
while(1)
{  s=s+i;
   i++;}
```

③ 省略了表达式 3，则不对循环控制变量进行操作，这时可在语句体中加入修改循环控制变量的语句。例如：

```
for(i=1;i<=100;)
{  s=s+i;
   i++;}
```

④ 省略了表达式 1 和表达式 3，例如：

```
for(;i<=100;)
{  s=s+i;
   i++;}
```

相当于

```
while(i<=100)
{  s=s+i;
   i++;}
```

⑤ 3 个表达式都可以省略。例如：

```
for(;;)语句
```

相当于

```
while(1)语句
```

2）表达式 1 可以是设置循环变量的初值的赋值表达式，也可以是其他表达式。例如：

```
for(s=0;i<=100;i++)s=s+i;
for(s=0,i=1;i<=100;i++)s=s+i; /*表达式 1 和表达式 3 可以是一个简单表达式，也可以是逗号表达式*/
```

或

```
for(i=0,j=100;i<=100;i++,j--)k=i+j;
```

3）表达式 2 一般是关系表达式或逻辑表达式，但也可以是数值表达式或字符表达式，只要其值非零，就执行循环体。

例 6-9 相传古印度国王为奖赏国际象棋的发明者，问他有什么要求。发明者说：“请在棋盘的第 1 个格子里放上 1 颗麦粒，在第 2 个格子里放上 2 颗麦粒，在第 3 个格子里放上 4 颗麦粒，依此类推，每个格子放的麦粒数都是前一个格子里放的麦粒数的 2 倍，直到放完 64 个格子为止。请给我足够的粮食来实现上述要求。”你认为国王有能力满足发明者的上述要求吗？请编程验证。

问题分析：本例中重复的事件就是对每个格子放入的麦粒数进行求和，因而可借助循环结构来实现。另外，循环的次数是已知的，可以设置循环变量 i，让 i 由 1 变化到 64，求出每个格子中放入的麦粒数并求和即可。具体程序如下。

方法一：

```
#include<stdio.h>
void main()
{
    double x=1,s=1;
    int i;
    for(i=1;i<=63;i++)
    {
        x=x*2;
        s=s+x;
        printf("2 的%2d 次幂=%-20.0lf",i,x);
        if(i%2==0)printf("\n");
    }
    printf("总的麦粒数为%lf\n",s);
}
```

程序运行结果如图 6-6 所示。

方法二：

```
#include<stdio.h>
#include<math.h>
void main()
{
    double s=0;
    int i;
    for(i=0;i<=63;i++)
    {  s=s+pow(2,i);                //pow()函数的功能为求 2 的 i 次幂
       printf("2 的%2d 次幂=%-20.0lf",i,pow(2,i));
       if(i%2==0)printf("\n");}
       printf("%lf\n",s);}
```

```
2的 1次幂=2                    2的 2次幂=4
2的 3次幂=8                    2的 4次幂=16
2的 5次幂=32                   2的 6次幂=64
2的 7次幂=128                  2的 8次幂=256
2的 9次幂=512                  2的10次幂=1024
2的11次幂=2048                 2的12次幂=4096
2的13次幂=8192                 2的14次幂=16384
2的15次幂=32768                2的16次幂=65536
2的17次幂=131072               2的18次幂=262144
2的19次幂=524288               2的20次幂=1048576
2的21次幂=2097152              2的22次幂=4194304
2的23次幂=8388608              2的24次幂=16777216
2的25次幂=33554432             2的26次幂=67108864
2的27次幂=134217728            2的28次幂=268435456
2的29次幂=536870912            2的30次幂=1073741824
2的31次幂=2147483648           2的32次幂=4294967296
2的33次幂=8589934592           2的34次幂=17179869184
2的35次幂=34359738368          2的36次幂=68719476736
2的37次幂=137438953472         2的38次幂=274877906944
2的39次幂=549755813888         2的40次幂=1099511627776
2的41次幂=2199023255552        2的42次幂=4398046511104
2的43次幂=8796093022208        2的44次幂=17592186044416
2的45次幂=35184372088832       2的46次幂=70368744177664
2的47次幂=140737488355328      2的48次幂=281474976710656
2的49次幂=562949953421312      2的50次幂=1125899906842624
2的51次幂=2251799813685248     2的52次幂=4503599627370496
2的53次幂=9007199254740992     2的54次幂=18014398509481984
2的55次幂=36028797018963968    2的56次幂=72057594037927936
2的57次幂=144115188075855870   2的58次幂=288230376151711740
2的59次幂=576460752303423490   2的60次幂=1152921504606847000
2的61次幂=2305843009213694000  2的62次幂=4611686018427387900
2的63次幂=9223372036854775800  总的麦粒数为18446744073709552000.000000
```

图 6-6　例 6-9 运行结果

6.1.4　goto 语句及用 goto 语句构成循环

goto 语句是一种无条件转移语句，其一般形式如下：

```
goto  语句标号;
```

其中，语句标号是一个有效的标识符，该标识符加上一个“:”一起出现在函数内某处，执行 goto 语句后，程序将跳转到该标号处并执行其后的语句。另外，语句标号必须与 goto 语句同处于一个函数中，但可以不在一个循环层中。通常 goto 语句与 if 条件语句连用，当满足某一条件时，程序跳到标号处运行。

通常不使用 goto 语句，因为 goto 语句将使程序层次不清，影响程序的可读性。

例 6-10　用 goto 语句求 1+2+3+4+…+100 的和。

```
#include<stdio.h>
void main()
{
        int i,s=0;
        i=1;
        here:   if(i<=100)              //"here: "为goto语句的标号
        {  s=s+i;
           i++;
           goto here;}
        printf("1~100 的和为%d\n",s);
}
```

综上所述，C 语言的循环结构程序设计中主要使用 while、do…while 和 for 3 种循环语句。

1）循环不能永远无限制地执行下去，因此 while 和 do…while 循环的循环体中应包括使循环趋于结束的语句，for 语句通过表达式 3 使循环趋于结束。

2）用 while 和 do…while 循环时，循环变量初始化的操作应在 while 和 do…while 语句之前完成；而 for 语句可以在表达式 1 中实现循环变量的初始化。

3）while 语句和 for 语句是当型循环，而 do…while 语句是直到型循环。

4）4 种循环都可以用来处理同一个问题，一般可以互相代替。一般不提倡用 goto 循环；for 循环形式灵活，一般用于循环次数已知的情况下，应用最为广泛；do…while 循环主要应用于循环体至少执行一次的情况。

思考与练习

1. 利用循环结构绘制图 6-7 所示图形。

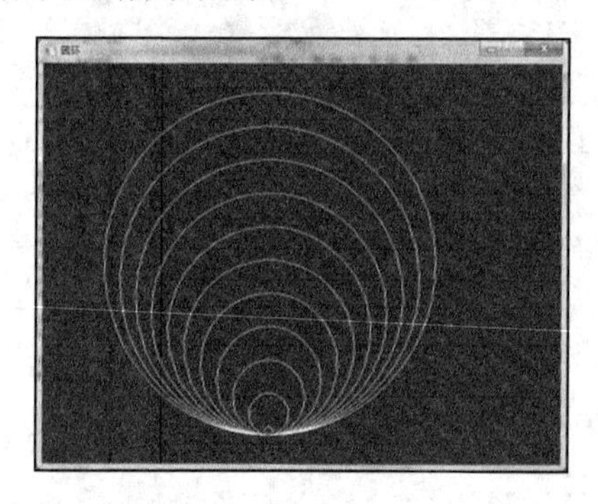

图 6-7　思考与练习 1

2. 对比 for、while、do…while 3 种循环语句。

6.2　实例 10：简易五子棋

首先绘制一个方形棋盘，然后绘制两种不同颜色的实心圆表示两方棋子，单击表示其中一方落子，右击表示另一方落子，实现模仿五子棋游戏。

实例 10 代码如下：

```
1   #include<graphics.h>
2   #include<conio.h>
3   void main()
4   {
5       initgraph(320, 320);
6       setbkcolor(WHITE);
7       setlinecolor(BLACK);
8       cleardevice();
9       int i;
10      for(i=0;i<=10;i++)
11      {
12          line(10,10+30*i,310,10+30*i);
13          line(10+30*i,10,10+30*i,310);
14      }
15      MOUSEMSG m;
16      while(true)
```

```
17        {
18            m=GetMouseMsg();
19            switch(m.uMsg)
20            {
21                case WM_LBUTTONDOWN:
22                    setfillcolor(RED);
23                    solidcircle(m.x, m.y, 8);
24                    break;
25                case WM_RBUTTONUP:
26                    setfillcolor(BLUE);
27                    solidcircle(m.x, m.y, 8);
28            }
29        }
30        closegraph();
31    }
```

程序运行结果如图 6-8 所示。

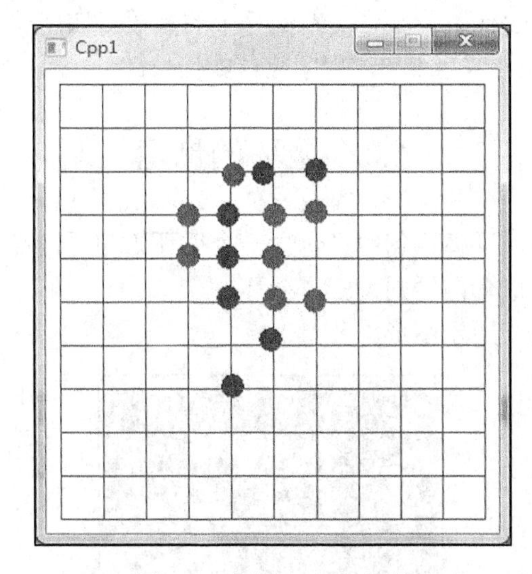

图 6-8　实例 10 运行结果

1）本段程序的功能为绘制方形棋盘。for 循环中重复执行两个操作，分别为绘制横线和竖线。第一个 line()函数通过起点和终点纵坐标的变化绘制 11 条等距离横线，第二个 line()函数通过起点和终点横坐标的变化绘制 11 条等距离竖线。

```
10        for(i=0;i<=10;i++)
11        {
12            line(10,10+30*i,310,10+30*i);
13            line(10+30*i,10,10+30*i,310);
14        }
```

2）绘制棋盘后一直反复执行下棋的动作：

```
16        while(true)
```

3）定义鼠标消息：

```
15        MOUSEMSG m;
```

4）获取鼠标消息：

```
18 |         m=GetMouseMsg();
```

5）通过一个开关语句判定获取的鼠标消息。若为单击，则绘制颜色为红色、半径为 8 的实心圆；若为右击，则绘制颜色为蓝色、半径为 8 的实心圆。

```
19 | switch(m.uMsg)
20 | {
21 |     case WM_LBUTTONDOWN:
22 |         setfillcolor(RED);
23 |         solidcircle(m.x, m.y, 8);
24 |         break;
25 |     case WM_RBUTTONUP:
26 |         setfillcolor(BLUE);
27 |         solidcircle(m.x, m.y, 8);
28 | }
```

思考与练习

1. 程序中 while(true)代表什么含义？括号中的参数可以用什么代替？
2. 若将棋盘改为 5×5 或者 8×8，程序应该如何修改？

6.3 循环的嵌套

当一个循环结构的循环体语句中又包含一个循环语句时，就构成了循环的嵌套。嵌套一层称为二重循环，嵌套两层则为三重循环。

例 6-11 绘制图 6-9 所示图形。

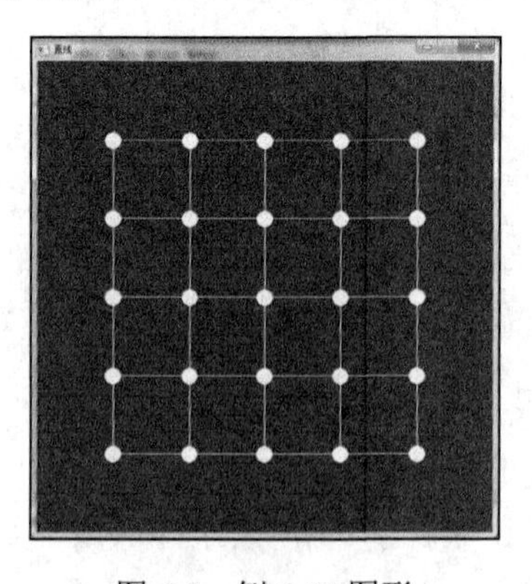

图 6-9 例 6-11 图形

问题分析：先绘制 5 行 5 列的直线图形，再绘制实心圆图形。绘制直线可通过以下程序实现：

```
#include<graphics.h>
void main()
{  int i;
   initgraph(600,600);  //initgraph()函数初始化图形系统，设置图像窗口大小为
                        //600 像素×600 像素
   for(i=0;i<=4;i++)
```

```
    {
        line(100,100+100*i,500,100+100*i);//从坐标(100,100)到(500,100)绘制
                                          //第一条横线
        line(100+100*i,100,100+100*i,500);//从坐标(100,100)到(100,500)绘制
                                          //第一条竖线
    }
    Sleep(50000);                         //等待 50000ms
    closegraph();
}
```

倘若仅在第一行中显示5个实心圆，只需在循环体中增加一条语句“fillcircle(100+100*i,100,10);”即可；如果想要在每行上都显示这样5个实心圆，则需要在循环体中增加一个循环结构。具体代码如下：

```
#include<graphics.h>
void main()
{   int i,j;
    initgraph(600,600); //initgraph()函数初始化图形系统，设置图像窗口大小为
                        //600 像素×600 像素
    for(i=0;i<=4;i++)
    {
        line(100,100+100*i,500,100+100*i);
        line(100+100*i,100,100+100*i,500);
        for(j=0;j<=4;j++)                       //控制输出实心圆的行数
        fillcircle(100+100*i,100+100*j,15);     //绘制半径为 15 的实心圆
    }
    Sleep(50000);                               //等待 50000ms
    closegraph();
}
```

注意事项：

1）使用循环嵌套时，内层循环和外层循环的循环控制变量名不能相同。

2）只有一个循环完整包含其他循环才构成循环的嵌套，即多重循环结构，循环不能交叉。

3）循环嵌套结构的书写最好采用右缩进格式，以体现循环层次的关系。

4）尽量避免太多和太深的循环嵌套结构。

5）循环的嵌套形式十分灵活，while、do…while 和 for 3 种循环语句之间可以相互嵌套。

例6-12 百钱买百鸡问题。公元前5世纪，我国数学家张丘建在《算经》中提出“百鸡问题”：鸡翁一只钱五，鸡母一只钱三，鸡雏三只钱一。百钱买百鸡，问鸡翁、鸡母、鸡雏各几何？转变为现代的100元买100只鸡的问题如下：设公鸡每只5元，母鸡每只3元，小鸡3只1元，现用100元买100只鸡，编写程序，计算出公鸡、母鸡、小鸡各可以买多少只。

问题分析：要解决“百钱买百鸡问题”，可以通过穷举法来实现，即将公鸡、母鸡和小鸡可能出现的所有情况都列举出来，只要满足“百元”和“百鸡”的条件就输出，则可得到问题的答案。

具体程序如下：

```
#include<stdio.h>
void main()
{ int i,j,k;
  for(i=0;5*i<=100;i++)          //列举公鸡所有可能的情况
    for(j=0;3*j<=100;j++)        //列举母鸡所有可能的情况
      for(k=0;k/3<=100;k+=3)     //列举小鸡所有可能的情况
         if((i*5+j*3+k/3)==100&&(i+j+k)==100)
           printf("cock-%d\then-%d\tchicken-%d\n",i,j,k);
}
```

程序运行结果如下：

```
cock-0    hen-25   chicken-75
cock-4    hen-18   chicken-78
cock-8    hen-11   chicken-81
cock-12   hen-4    chicken-84
```

思考：3 条 for 语句是否可以交换顺序？

思考与练习

1. 不同的循环语句可以互相嵌套吗？
2. 多重循环是否可以使用相同的循环变量名？

6.4 break 和 continue 语句

例 6-13 输出图 6-10 所示的同心圆。

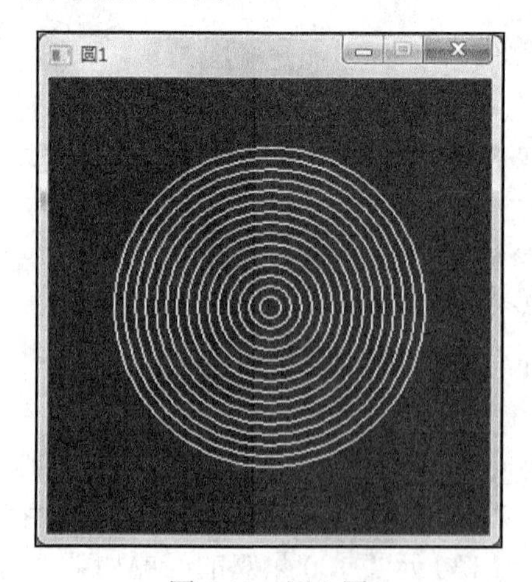

图 6-10 同心圆

具体程序如下：

```
#include<graphics.h>
void main()
{   int i=0;
    initgraph(300, 300);
```

```
    while(i<=100)
    {  i=i+7;
       circle(150,150, i);
    }
    Sleep(50000);
    closegraph();
}
```

思考：

1）若半径能被5整除循环就提前结束，应该如何实现？

2）若只想显示半径不能同时被2和3整除的同心圆，应该如何实现？

在C语言中，使循环提前结束的语句有两个，分别是break语句和continue语句。

若将程序中循环体部分修改为

```
while(i<=100)
{  i=i+7;
   if(i%5==0)break;
   circle(150,150, i);
}
```

则表示遇到半径能被5整除的同心圆循环结构就彻底结束，运行结果如图6-11所示。

若将程序中的循环体部分修改为

```
while(i<=100)
{  i=i+7;
   if(i%2==0||i%3==0)continue;
   circle(150,150, i);
}
```

则表示半径能同时被2和3整除的同心圆不显示，运行结果如图6-12所示。

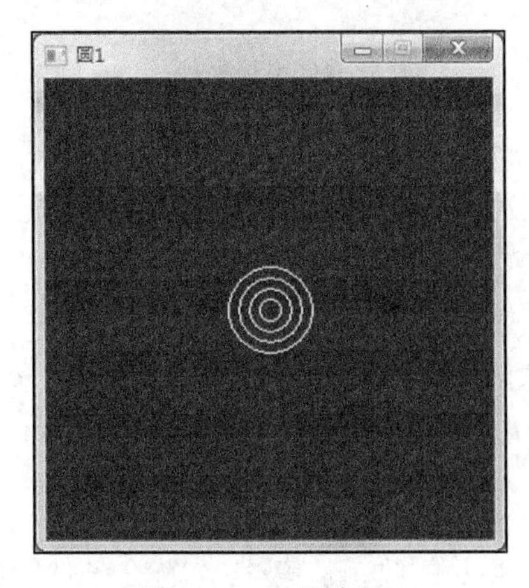

图6-11　运行结果1

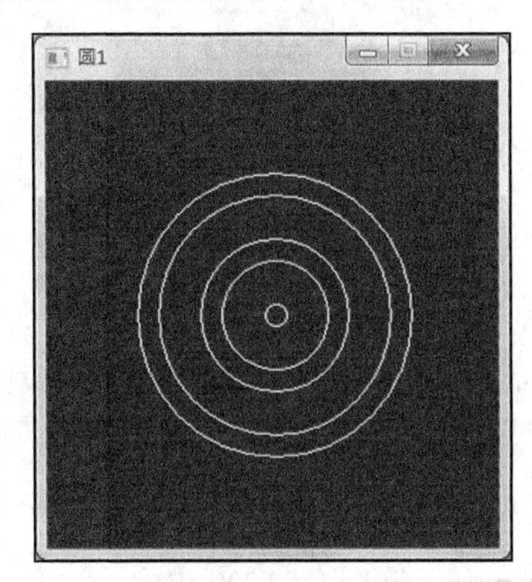

图6-12　运行结果2

6.4.1　break语句

break语句通常用在循环语句和开关语句中。当break用于开关语句switch中时，可使程序跳出switch而执行switch以后的语句；如果没有break语句，则将继续执行匹配的case和其后的所有语句。break在switch中的用法已在前面介绍开关语句时的示例中介绍过，这里不再举例。

当 break 语句用于 do…while、for、while 循环语句中时，可使程序终止循环而执行循环后面的语句，通常 break 语句总是与 if 语句联在一起，即满足条件时便跳出循环。

例 6-14 判断一个给定的整数是否为素数。

问题分析：质数（prime number）又称素数，有无限个。一个大于 1 的自然数，除了 1 和它本身外，不能被其他自然数整除，则该数称为素数（质数）；否则称为合数。最小的素数是 2。判断一个数 m 是否为素数，就要让 2～（m-1）的数依次去除 m，可以借助循环结构来完成。事实上无须让 2～（m-1）的数依次去除 m，只需要让 2～$\sqrt{m}$ 的数去除 m 即可。在执行循环的过程中，如果出现一个数可以把 m 整除，则可直接判断 m 并非素数。因此，有些情况下循环可以提前结束，可以通过 if 配合 break 语句来实现。若循环能够正常结束，则 m 为素数，否则不是。

具体程序如下：

```
#include<stdio.h>
#include<math.h>
void main()
{
   int m,i,k;
   scanf("%d",&m);
   k=sqrt(m);
   for(i=2;i<=k;i++)
      if(m%i==0) break;
   if(i>=k+1)
      printf("Yes\n");
   else
      printf("No\n");
}
```

程序运行结果如下：

```
12↙
No
```

6.4.2 continue 语句

continue 语句的作用是跳过循环体中剩余的语句而强行执行下一次循环。continue 语句只用在 for、while、do…while 等循环体中，常与 if 条件语句一起使用，用来加速循环。其一般形式如下：

```
continue;
```

例 6-15 输出 1～1000 中能同时被 3 和 5 整除的数，从第 31 个符合条件的数开始输出。

问题分析：设置计数变量 n，初值为 0，每次找到符合条件的数 n 自动加 1，当 n 的值未达到 31 时并不输出符合条件的数，继续寻找下一个符合条件的数；从 n 达到 31 开始，输出剩余符合条件的数。

具体程序如下：

```
#include<stdio.h>
```

```
void main()
{  int k,n=0;
   for(k=1;k<=1000;k++)
   if(k%3==0&&k%5==0)
   {
       n++;
       if(n<=30)  continue;
       printf("%d\t",k);
   }
}
```

程序运行结果如图 6-13 所示。

```
465    480    495    510    525    540    555    570    585    600
615    630    645    660    675    690    705    720    735    750
765    780    795    810    825    840    855    870    885    900
915    930    945    960    975    990
```

图 6-13　例 6-15 运行结果

注意事项：

1）通过本例可以看出，continue 语句的功能是只结束本层本次的循环，并不跳出循环。

2）break 语句只能用在 switch 语句或循环语句中，其作用是跳出 switch 语句或跳出本层循环，转去执行后面的程序。

3）break 语句对 if…else 的条件语句不起作用。

4）在多层循环中，一个 break 语句只向外跳一层。

思考与练习

1. break 语句与 continue 语句有何区别？
2. 输出 100～200 不能被 3 整除的数，应使用 continue 语句还是 break 语句？

6.5　实例 11：百以内素数

素数又称为质数，其含义就是除了数字 1 和其本身之外不能被其他任何的数字除尽。根据算术基本定理，每一个比 1 大的整数，要么本身是一个质数，要么可以写成一系列质数的乘积，最小的素数是 2。到目前为止，人们未找到一个公式可求出所有质数。

2016 年 1 月，人们发现了世界上迄今为止最大的质数，长达 2233 万位，如果用普通字号将它输出，其长度将超过 65km。

实例 11 代码如下：

```
1  #include<stdio.h>
2  #include<math.h>
3  void main()
4  {
5      int m,i,k;
6      for(m=1;m<=100;m=m+2)
7      {
```

```
8  |        k=sqrt(m);
9  |        for(i=2;i<=k;i++)
10 |            if(m%i==0)break;
11 |        if(i>=k+1)
12 |        printf("%d\t",m);
13 |    }
14 |    printf("\n");
15 | }
```

程序运行结果如图 6-14 所示。

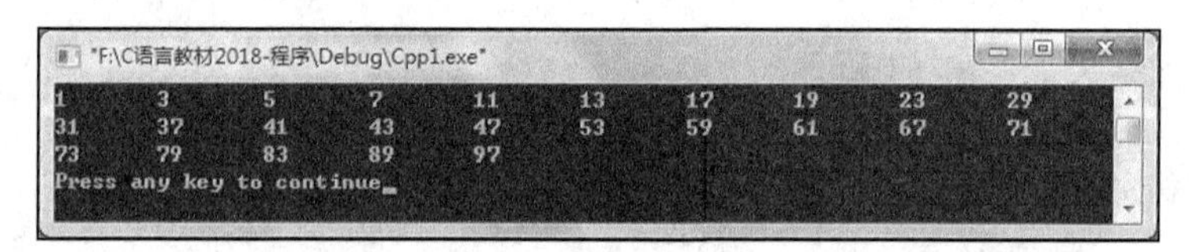

图 6-14　实例 11 运行结果

1）循环变量的变化表示判断素数的范围。由于偶数肯定不是素数，因此循环变量每次增 2，跳过偶数的判断。

```
6  |    for(m=1;m<=100;m=m+2)
```

2）100 以内需要进行判断的数据都要判断其是否为素数，因而需要借助循环的嵌套结构来实现。请思考，若要输出 1000～2000 内的素数，程序应该如何修改？若想知道该范围内共有多少个素数，应该如何实现？

思考与练习

1. 若在显示素数的同时控制每行显示素数的个数，如每行显示 5 个，应该如何实现？
2. 若不使用 sqrt()函数，是否可以通过其他方法去判断素数，程序应该如何修改？

程 序 练 习

一、程序填空

1. 输出 1～100 以内的偶数和。

```
#include<stdio.h>
void main()
{
    int sum=0,i=1;
    while(__________)
    {
    sum=sum+i;                    //累加求和
    __________;                   //循环变量自加，以满足 1～100 的变化

    }
printf("sum=%d\n", __________ ); }
```

2. 打印九九乘法表。

```
#include<stdio.h>
void main()
{
    int i,j;
    for(i=1;i<=__________;i++)
    for(j=1;j<=__________ ;j++)
    {
       printf("%d*%d=%2d",i,j,__________);
       if(j==i) printf("\n");
    }
}
```

运行结果如图6-15所示。

```
1*1= 1
2*1= 2 2*2= 4
3*1= 3 3*2= 6 3*3= 9
4*1= 4 4*2= 8 4*3=12 4*4=16
5*1= 5 5*2=10 5*3=15 5*4=20 5*5=25
6*1= 6 6*2=12 6*3=18 6*4=24 6*5=30 6*6=36
7*1= 7 7*2=14 7*3=21 7*4=28 7*5=35 7*6=42 7*7=49
8*1= 8 8*2=16 8*3=24 8*4=32 8*5=40 8*6=48 8*7=56 8*8=64
9*1= 9 9*2=18 9*3=27 9*4=36 9*5=45 9*6=54 9*7=63 9*8=72 9*9=81
```

图6-15　程序填空2运行结果

3. 输出200～300全部素数的和。

```
#include<stdio.h>
void main()
{  int i,j,f,s=0;
   for(i=201;i<300;i+=2)
   {
     f=_____________;
     for(j=2;j<=i/2;j++)
        if(i%j==0)
        {
          f=0;
          _____________;
        }
      if_____________  s+=i;
    }
    printf("200～300之间全部素数的和为%d\n",s);
 }
```

4. 使用递减法求自然数m和n的最大公约数。

```
#include<stdio.h>
void main()
{
   int m,n,div;
   printf("Enter Two Number m,n=?\n");
   scanf("%d,%d",&m,&n);
   div=m;
   if(n<m)
   ________________
```

```
    while(m%div!=0 || n%div!=0)
    ________________
    printf("最大公约数=%d\n",________);
}
```

二、程序改错

1. 计算正整数 num 的各位上的数字之积。例如，若输入 252，则输出应该是 20；若输入 202，则输出应该是 0。

```
#include<stdio.h>
void main()
{
  long num,k=1;
  printf("please enter a number:");
  scanf("%ld",&num);
  do
  {
     k*=num%10;
     num\=10;
  }while(!num);
  printf("\n%ld\n",k);
}
```

2. 求 Fibonacci 数列 1,1,2,3,5,8,…的前 40 个数。要求在输出时控制每行 5 个数。

```
#include<stdio.h>
void main()
{
   long f1,f2,f3;
   int i;
   f1=f2=1;
   printf("%10ld%10ld",f1,f2);
   for(i=1;i<=40;i++)
   {
      f3=f1+f2;
      printf("%10ld",f3);
      if(i%5==0) printf("\n");
      f2=f1;
      f3=f2;
   }
}
```

3. 输出如下图形：

```
         ******
        ******
       ******
      ******
```

```
#include<stdio.h>
void main()
{
    int i,j;
    for(i=1;i<4;i++)
```

```
    {
        for(j=1;j<=4+i;j++)
            printf(" ");
        for(k=1;k<6;k++)
            printf("*");
        printf("\n");
    }
}
```

4. 求n的阶乘。

```
#include<stdio.h>
void main()
{
    int n,i;
    double s=1.0;
    scanf("%d",n);
    for(i=1;i<=n;i++)
        s*=i;
    printf("jiecheng=%d",s);
}
```

5. 求2!+4!+6!+8!+10!+12!+14!。

```
#include<stdio.h>
void main()
{
    long s=0,t;
    int i,j;
    for(i=2;i<=14;i++)
    {
        t=0;
        for(j=1;j<=i;j++)
            t=*j;
        s+=t;
    }
    printf("%d",s);
}
```

三、程序设计

1. 求1～100中能被3或7整除的数之和。

2. 编写程序，验证哥德巴赫猜想：一个不小于6的偶数可以表示为两个素数之和。例如，6=3+3、8=3+5、10=3+7。

3. 输出如图6-16所示金字塔图案。

```
   A
  BBB
 CCCCC
DDDDDDD
 CCCCC
  BBB
   A
```

图6-16 程序设计3输出效果

第7章　函　　数

1）了解函数的概念及作用。

2）掌握函数的定义、调用及返回方法。

3）掌握参数传递的方法。

4）掌握变量的作用域与存储类。

5）了解内部函数与外部函数。

“函数”是从英文 function 翻译过来的，其实，function 在英文中的意思既是“函数”，也是“功能”。从本质意义上来说，函数就是用来完成一定功能的，为该功能起的名字即为函数名。

7.1　函数的基本使用

函数是能够完成一定任务的、相对独立的程序段，可以被看作组成一个程序的逻辑单元。程序的基本单位是函数，每个函数都具有各自独立的功能，是一个单独的模块。C 语言程序的执行过程就是通过主函数调用其他函数来实现的，这样的函数机制具备以下优点：

1）使程序变得更简短而清晰。

2）有利于程序维护。

3）可以提高程序开发效率。

4）提高了代码的重用性。

从用户使用的角度来看，函数有以下两种：

1）标准函数。标准函数即库函数，其由系统提供，用户不必自己定义，只需在程序前包含有该函数原型的头文件即可在程序中直接调用。在编写 C 语言程序时，使用库函数既可以提高程序的运行效率，又可以提高编程的质量。在前面各章的例题中用到的 printf()、scanf()及绘制图形过程中反复使用的函数均属此类。

2）用户自定义函数。用户自定义函数是由用户按需要编写的函数。对于用户自定义函数，需要在程序中定义函数本身，然后在主调函数中调用该函数。

从函数参数的角度来看，函数有以下两种：

1）无参函数。无参函数在定义及调用时均不带参数，主调函数和被调函数之间不进行参数传送。此类函数通常用来完成一组指定的操作，可以带回或不带回函数值，不带回函数值的居多，如 closegraph()。

2）有参函数。有参函数也称为带参函数，在函数定义时有参数。在函数调用时，主调函数通过参数向被调函数传送数据，供被调函数使用。一般情况下，此类函数被调用时会带回一个函数值供主调函数使用，如 initgraph(300,300)。

7.1.1 函数的定义

函数定义由两部分组成：函数首部和函数体。

函数定义的一般形式如下：

```
类型说明符 函数名([形式参数列表])
{
    函数体
}
```

说明：

1）类型说明符表示函数返回值的类型。函数返回值的类型和函数定义的类型应保持一致，如果两者不一致，以函数定义的类型为准，系统将自动进行类型的转换。如果函数的返回值是整型（int），则在函数定义时可省略类型说明，即如果在定义函数时没有给出函数类型，系统会隐含指定函数类型是整型。为了明确表示“不带回值”，可将函数定义为空类型，类型说明符为 void。这样，系统就可以保证函数不带回任何值。void 也可以不写。

2）函数是解决某一问题的独立的程序段，当完成任务时主调函数需要向它传递数据，则需要根据数据的类型和个数定义函数的形式参数。形式参数的个数和类型的设定应该从程序的功能入手，做到与主调函数传递的参数相统一。在形式参数列表中给出的参数称为形式参数，也称形参，可以是各种类型的变量。每个形参都需要说明其数据类型，各参数项之间用逗号分隔。该列表可以包含一个或多个形参，也可以没有形参，但括号不可省略。

3）函数名代表函数的功能，如同变量名定义规则一样，尽量做到“顾名思义”。

4）如果需要函数返回一个数据给主调函数，函数体部分应包含 return 语句，如“return s;”“return 1;”等。return 后可以接常量、变量组成的表达式。当程序执行过程中遇到 return 时，则返回主调函数继续执行。也可以不带表达式部分，如“return;”，它仅实现程序控制转移而不返回任何值。如果不需要从被调函数返回确定的函数值，被调函数可以没有 return 语句，这时当程序执行到函数体的右花括号“}”时将自动返回主调函数中。

5）函数体由一对花括号“{}”括起来，由合法的 C 语句构成。函数体部分也可以为空，即为空函数。空函数定义的一般形式如下：

```
类型说明符  函数名()
{                 }
```

例如：

```
kong()
{}
```

程序中出现空函数，一般是为今后程序中增加函数预留位置，它仅仅拥有一个名字，并没有完成任何功能。

函数的定义是程序中独立的程序段，结尾没有分号。例如，定义一个输出两个数中较大数的函数：

```
int max(int a, int b)
{
    if(a>b)
      return a;
    else
      return b;
}
```

其中，max为函数名，a、b为形参，函数的返回值类型为整型。

再如：

```
void x()
{
    printf("**********");
}
```

调用printf()函数，实现输出一串星号，没有参数及返回值。

6）如果被调函数的定义出现在主调函数之前，由于编译系统的编译顺序是从前至后的，当编译到主调函数时，编译系统就能够认识主调函数中出现的被调函数，从而完成编译过程。如果被调函数写在主调函数之后，这时就必须在主调函数中的函数调用语句之前进行函数声明，这与使用变量之前要先进行变量声明是一样的。函数声明的目的是在编译系统认识被调函数之前先告诉编译系统该函数的存在，并将有关信息（如函数的返回值类型，函数参数的个数、类型及其顺序等）通知编译系统，使编译过程正常执行。

函数声明的一般形式如下：

类型说明符 被调函数名(形参列表);

或

类型说明符 被调函数名(形参类型列表);

例如：

```
int max(int a, int b);
```

7.1.2 函数的调用、参数传递与返回

通过7.1.1小节的介绍可知，假如一个程序中要多次使用求阶乘的功能，只需要编写一个名为jiecheng的函数，主调函数需要向被调函数jiecheng()传递一个数据来确定求谁的阶乘，因此jiecheng()函数需要定义一个整型的形参。函数执行后需要给主调函数返回一个计算的结果，所以需要利用return语句实现。若函数体中保存阶乘结果的变量为long类型，则函数的类型也应该定义为long。求阶乘的方法可通过以前学过的循环结构来实现。函数调用是指在一个函数内部转去执行另一个函数的过程。

C语言中，函数调用的一般形式如下：

函数名([实际参数列表])

例7-1 求3!+5!-4!。

问题分析：主函数中只需要调用3次求阶乘的函数，利用函数返回结果即可实现表达式的计算。

具体程序如下：

```
#include<stdio.h>
long  jiecheng(int  n)
{
   int  i;
   long  s;
   s=1;
   for(i=1;i<=n;i++)
      s=s*i;
   return s;
}
void main()
{
   int  i;
   long  s;
   s=jiecheng(3)+jiecheng(5)-jiecheng(4);
   printf("%ld\n",s);
}
```

程序运行结果如下：

```
102
```

说明：

1）在实际参数列表中给出的参数称为实际参数，也称实参，其可以是常量、变量或表达式，各参数项之间用逗号分隔。在例 7-1 中，3、4、5 这 3 个常量为 3 个实参。

2）实参个数可以不止一个，可以包含多个实参，也可以没有实参，但括号不可省略。

3）函数总是在某个函数体中被调用。函数调用可以在结尾处加上分号，单独作为一条语句。对于有返回值的函数，其调用也可以出现在某条语句或表达式中。出现函数调用语句的函数称为主调函数，定义的那个函数称为被调函数。当函数调用时，程序流程由主调函数转向被调函数，开始执行被调函数。

4）若函数有返回值，则在返回主调函数后，将该函数的返回值作为函数调用的结果参与主调函数的后续处理；若无返回值，则只将程序流程返回主调函数继续执行。函数调用和执行过程如图 7-1 所示。

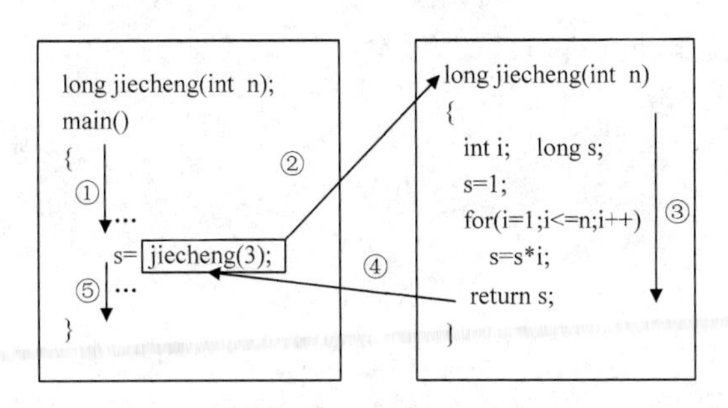

图 7-1 函数调用和执行过程

例 7-1 中共执行了 3 次这样的调用和返回过程。将返回值计算后赋值给变量 s，再执行主函数后面的其他语句。

5）实参出现在主调函数中，实参可以是常量、变量、表达式、函数调用等。无论实参是何种类型的量，在进行函数调用时，它们都必须具有确定的值，以便把这些值传送给形参。因此，应预先用赋值、输入等方法使实参获得确定值。进入被调函数后，实参变量也不能使用。实参和形参在数量、类型及顺序上应严格一致，否则会发生类型不匹配的错误。

6）形参和实参的功能是进行数据传送。发生函数调用时，这种数据传送是单向的“值传递”，即只能把实参的值传送给形参，而不能把形参的值反向地传送给实参。在内存中，实参单元与形参单元是不同的单元。因此，在函数调用过程中，如果形参的值发生改变，实参中的值并不会发生变化。

例 7-2 输出所有的水仙花数。

问题分析：判断一个数是否为水仙花数的功能由被调函数 fun()完成，主函数中利用循环结构列举出所有的 3 位数。根据程序功能可以分析出实参和形参的类型均为整型，个数为一个。函数需要有返回值，主调函数需要通过函数返回值来判定当前的 3 位数是否为水仙花数。一般情况下，此类型题在被调函数中通过 return 1 来表示成立，而通过 return 0 来表示不成立，但写法并不是唯一的。

具体程序如下：

```
#include<stdio.h>
int fun(int n)
{
   int a,b,c;
   a=n/100;
   b=n%100/10;
   c=n%10;
   if(a*a*a+b*b*b+c*c*c==n)
      return 1;
   else
      return 0;
}
void main()
{
   int  k;
   for(k=100;k<=999;k++)
      if(fun(k)==1)
         printf("%d\n",k);
}
```

程序运行结果如下：

```
153
370
371
407
```

例 7-3 编写一个函数，实现输出 2～100 的所有素数。

问题分析：判断一个数是否为素数的功能由被调函数 prime()完成，主函数中利用循环结构列举出 2～100 的所有数。根据程序功能可以分析出实参和形参的类型均为整型，个数为一个。函数需要有返回值。

具体程序如下：

```
#include<stdio.h>
int prime(int n)
{
   int  j;
   for(j=2;j<=n-1;j++)
      if(n%j==0)
      return 0;
   return 1;
}
void main()
{
   int i;
   for (i=2;i<=100;i++)
      if(prime(i))   printf("%d",i);
}
```

思考：程序中出现的两个return语句是否都会被执行到呢？

例 7-4　试编制一个求最大公约数的函数，并利用该函数求任意两个数的最大公约数和最小公倍数。

问题分析：求最大公约数的功能由被调函数 gongyue()利用辗转相除法完成，主函数中输出计算结果即可。根据程序功能可以分析出实参和形参的类型均为整型，个数为两个。函数需要有返回值。

具体程序如下：

```
#include<stdio.h>
int gongyue(int m,int n)
{  int  r;
   r=m%n;
   while(r!=0)
   {
      m=n;
      n=r;
      r=m%n;
   }
   return n;
}
void  main()
{  int  a,b;
   scanf("%d%d", &a, &b);
   printf("gongyue is :%d\n", gongyue(a,b));
   printf("gongbei is :%d\n ", a*b/gongyue(a,b));
}
```

程序运行后输入：

```
15 25
```

程序运行结果如下：

```
gongyue is :5
gongbei is :75
```

例 7-5 分析下面程序的运行结果，注意函数参数的单向值传递。

```
#include<stdio.h>
void swap(int a, int b)
{  int t;
   t=a;
   a=b;
   b=t;
}
void main()
{  int x=10, y=20;
   printf("Before swapping:x=%d y=%d\n", x, y);
   swap(x, y);
   printf("After swapping:x=%d y=%d\n", x, y);
}
```

问题分析：当主函数执行到“swap(x, y);”语句时，程序转去执行被调函数 swap()，在 swap()函数中形参 a 和 b 接收来自实参 x 和 y 的值，因而 a=10，b=20。在 swap()函数中，借助 t 实现 a 和 b 的调换，调换后 a=20，b=10。被调函数执行后，程序回到主调函数中继续执行，输出 x=10，y=20。实参的值并未发生改变，因为函数调用过程中的参数传递是单向的值传递，只能由实参传递给形参，形参变量的变化不会影响实参。

程序运行结果如下：

```
Before swapping:x=10 y=20
After swapping:x=10 y=20
```

例 7-6 分析下面程序的运行结果，注意函数调用的不同方式。

```
#include<stdio.h>
float mul(float a,float b)
{  return a*b;   }
void main()
{  float  x,y,z;
    scanf("%f%f",&x,&y);
    z=mul(x,y);//函数调用作为表达式的一部分
    x=x+10;
    y=y-10;
    mul(x,y);//独立的函数调用语句
    x=x*2;
    y=y*2;
    printf("z=%f,mul(%f,%f)=%f\n",z,x,y,mul(x,y));//函数调用作为printf()
                                                  //函数的实参
}
```

问题分析：在主函数中有 3 处进行了函数调用。

在 C 语言中，函数调用可以采用以下几种常见方式：

1）函数语句。函数调用的一般形式加上分号即构成函数语句。这种方式的自定义函数一般没有返回值。例如，“mul(x,y);”即是以函数语句的方式调用 mul()函数，因而返回值丢失。

2）函数表达式。函数调用作为表达式中的一项出现在表达式中，以函数返回值参与表达式的运算。这种方式要求函数有返回值。例如，“z=mul(x,y);”将函数返回值结果

赋给变量z。

3）函数实参。函数调用作为另一个函数调用的实参出现。这种情况是把该函数的返回值作为实参进行传送，因此要求该函数必须有返回值。例如，“printf("z=%f, mul(%f, %f)=%f\n",z,x,y,mul(x,y));”调用mul()函数后，返回值又作为printf()函数的实参被输出。

程序运行后输入：

```
5 6
```

程序运行结果如下：

```
z=30.000000,mul(30.000000,-7.000000)=-240.000000
```

例7-7 分析下面程序的运行结果，注意函数实参的计算顺序。

```
#include <stdio.h>
main()
{ int k=1,j;
   j=f(k,++k);          //函数调用
   printf("%d\n",j);
}
int f(int a,int b)
{ int c=-1;
  if(a>b) c=1;
  else if(a==b) c=0;
  return(c);
}
```

问题分析：函数调用实参的形式一般是表达式，在有多个实参的情况下，C语言中实参的求值顺序是从右到左，因而j=f(2,2)，因此程序的运行结果为0。

思考与练习

1. 函数定义的位置改变是否影响程序的运行结果？
2. 改正以下程序中的错误。

```
/*--------------------------------
功能：计算正整数num的各位上的数字之积。
例如：输入252，则输出应该是20。
--------------------------------*/
#include<stdio.h>
long fun(long num)
{ long k;
   do
   {
     k*=num%10;
     num\=10;
   }while (num);
   return k;
}
void main()
{
   long n;
   printf("\nPlease enter a number:");
```

```
    scanf("%ld", n);
    printf("\n%ld\n",fun(long n));
}
```

3. 编写程序，计算并输出 high 以内最大的 10 个素数之和，high 由主函数传给 fun() 函数。例如，若 high 的值为 100，则函数的值为 732。

7.2 实例 12：倒计时窗口

利用在不同位置绘制实线的方法可以在窗口中显示数字，控制图像的显示时间可以设置每隔 1s 就更替数字的倒计时窗口。

实例 12 代码如下：

```
1    #include<graphics.h>
2    #include<conio.h>
3    void main()
4    {  int i,x,y,n=5;
5       for(i=n;i>=0;i--)
6       {
7           initgraph(300, 300);
8           setbkcolor(BLACK);
9           setlinestyle(PS_SOLID | PS_ENDCAP_FLAT, 10);
10          cleardevice();
11          void number(int x,int y,int n);
12          x=130;y=100;
13          number(x,y,i);
14      }
15   }
16   void number(int x,int y,int n)
17   {  if(n!=1&&n!=4)    line(x,y,x+50,y);
18      if(n!=2&&n!=3&&n!=7&&n!=1)    line(x,y,x,y+50);
19      if(n!=5&&n!=6)    line(x+50,y,x+50,y+50);
20      if(n!=0&&n!=1&&n!=7) line(x,y+50,x+50,y+50);
21      if(n==2||n==6||n==8||n==0)    line(x,y+50,x,y+100);
22      if(n!=2) line(x+50,y+50,x+50,y+100);
23      if(n!=1&&n!=7&&n!=4) line(x,y+100,x+50,y+100);
24      Sleep(1000);    //每个数字窗口显示 1s
25   }
```

程序运行后，倒计时数字陆续显示，如图 7-2 所示。

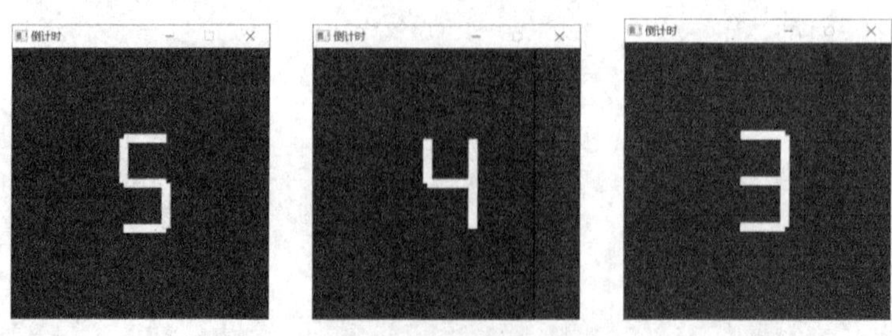

图 7-2　程序运行结果

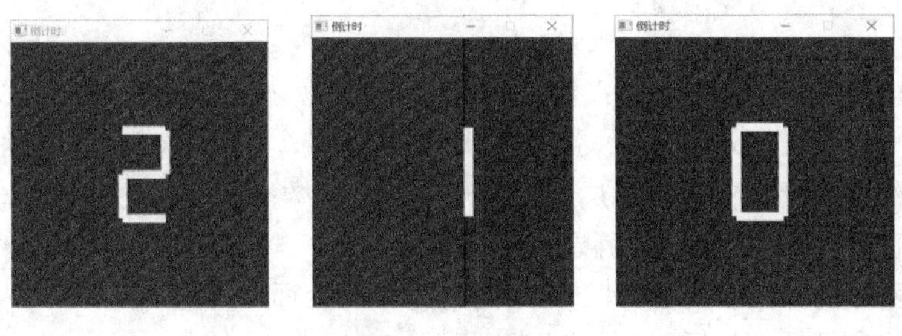

图 7-2（续）

1）函数原型声明：

```
11 |     void number(int x,int y,int n);
```

2）函数调用语句：

```
13 |     number(x,y,i);
```

3）每隔一秒：

```
24 |     Sleep(1000);//每个数字窗口显示 1s
```

4）在该源程序中函数名为 number，它有 3 个整型的形参 x、y 和 n。x、y 接收主函数传递给它的值用以确定绘制数字线的位置，n 接收主函数传递给它的值用以确定显示哪个数字。定义 number()函数后，多次调用该函数就可以达到简化程序设计的目的，想要显示 0～9 的数字，可以通过调用该函数来实现。

思考与练习

试编写程序，用图形显示任意输入的年份，如 2020。

7.3 函数的递归调用

例 7-8 分析下面程序的功能及运行结果，注意函数调用和返回的执行过程。

```
#include<stdio.h>
long fact(int n)
{  long f;
   if(n<0)
       printf("n<0,error!\n");
   else if(n==0||n==1)
       f=1;
   else
       f=n*fact(n-1);
   return( f );
}
void main()
{
   printf("%ld",fact(5));
}
```

问题分析：主函数中 fact(5)将实参 5 传递给形参 n。进入 fact()函数后，由于 n=5，不小于 0 也不等于 0 或 1，因此应执行 f=n* fact(n−1)，即 f=5*fact(5−1)。该语句再一次调用 fact()函数。

注意：*C语言中，函数直接或间接地调用自身称为递归调用。*

进行递归调用，即求 fact(4)。进行 4 次递归调用后，fact()函数的形参取得的值变为 1，故不再继续递归调用而开始逐层返回上一层主调函数。fact(1)函数的返回值为 1，fact(2)函数的返回值为 2×1=2，fact(3)函数的返回值为 3×2=6，fact(4)函数的返回值为 4×6=24，最后 fact(5)函数的返回值为 5×24=120，因此程序的运行结果为 120。

程序的递归调用和返回过程如图 7-3 所示。

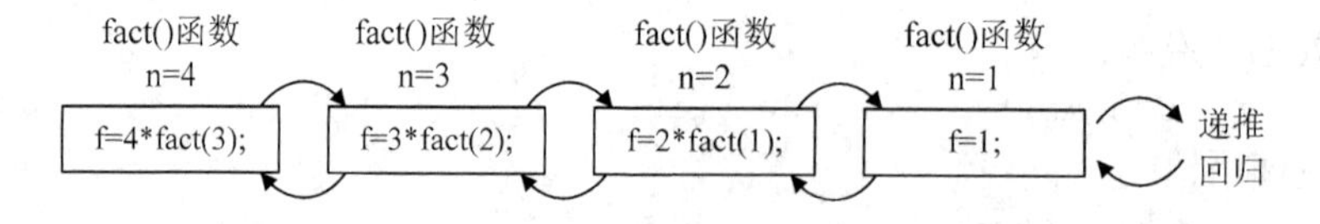

图 7-3 程序的递归调用和返回过程

其求解过程如图 7-4 所示。

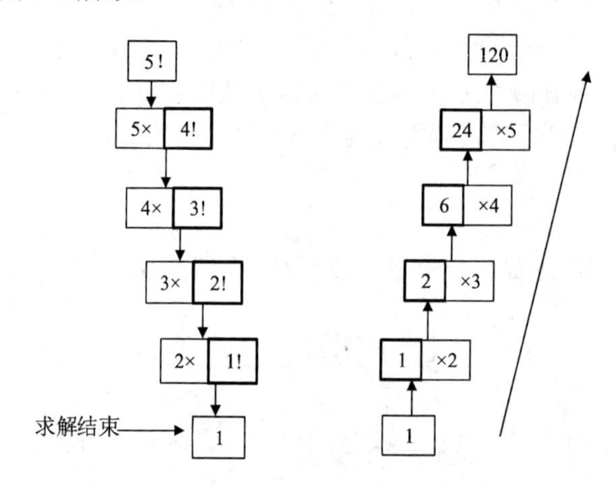

图 7-4 求解过程

由此可见，该程序的功能为求 n!。n!=n×(n−1)×(n−2)×…×1，即为 n×(n−1)!。n!=n×(n−1)!，而(n−1)!与 n!的计算方法完全相同，只是参数不同而已。因此可以通过递归公式计算 n!：

$$n!=\begin{cases}1 & ,n=0\text{或}n=1\\ n(n-1)!, & n\geqslant 1\end{cases}$$

例 7-9 利用递归函数输出 Fibonacci 数列前 10 项。

问题分析：无穷数列 1,1,2,3,5,8,13,21,34,55,…称为 Fibonacci 数列。它可以递归地定义为当 n=1 或 2 时，fibonacci(n)=1；当 n≥3 时，fibonacci(n)= fibonacci(n−1)+fibonacci (n−2)。通过递归调用即可求出整个数列的所有值。

具体程序如下：

```
#include<stdio.h>
int fibonacci(int n)
```

```
{
      if (n<=2) return 1;
      return fibonacci(n-1)+fibonacci(n-2);
}
void main()
{
   int i;
   for(i=1;i<=10;i++)
      printf("%7d",fibonacci(i));
}
```

思考与练习

汉诺塔（又称河内塔）问题源于印度一个古老的传说。大梵天创造世界时做了 3 根金刚石柱子，在一根柱子上从下往上按照大小顺序摞着 64 片黄金圆盘。大梵天命令婆罗门把圆盘从下面开始按大小顺序重新摆放在另一根柱子上，并且规定在小圆盘上不能放大圆盘，在 3 根柱子之间一次只能移动一个圆盘。假设圆盘的数量为 3，利用 3 根柱子将按照大小顺序摆放在 A 柱上的圆盘移动到 B 柱上，试着用递归函数实现。

7.4 变量的作用域

例 7-10 通过函数调用绘制半径改变的圆。

```
#include<graphics.h>
int r=50;
void b()
{
   circle(170,140,r+20);
   Sleep(5000);
}
void s()
{
   circle(170,140,r-20);
   Sleep(5000);
   closegraph();
}
void main()
{
   initgraph(340,280);
   circle(170,140,r);
   Sleep(5000);
   b();
   s();
}
```

该程序由 3 个函数构成，主函数的功能为以(170,140)坐标为圆心绘制半径为 r 的圆；b()函数的功能为以(170,140)坐标为圆心绘制半径为 r+20 的圆；s()函数的功能为以(170,140)坐标为圆心绘制半径为 r−20 的圆。

程序运行结果如图 7-5 所示。

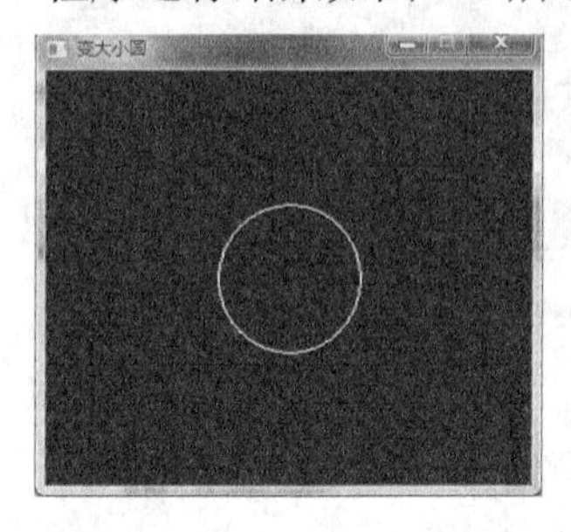

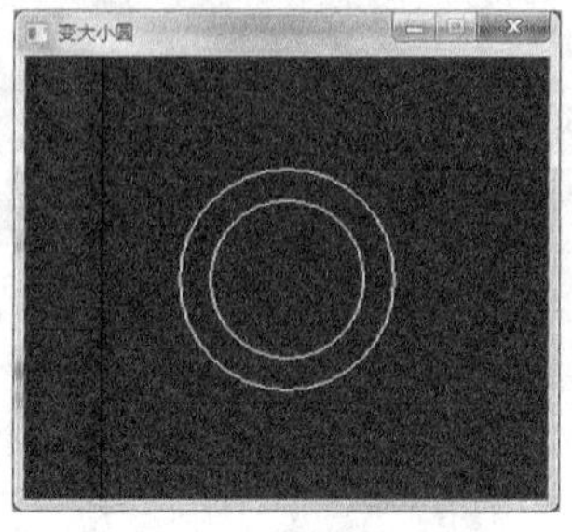

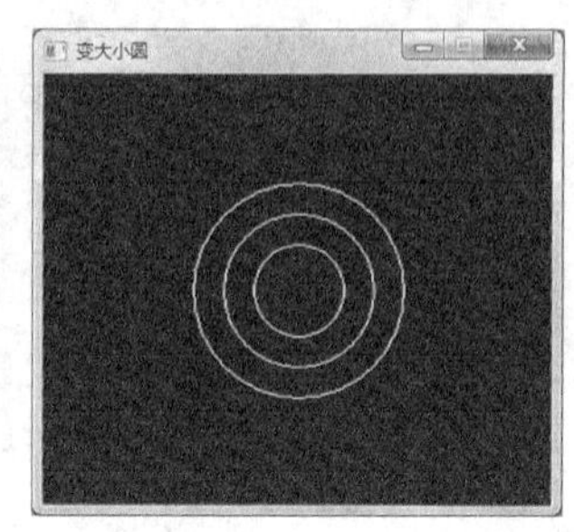

图 7-5　例 7-10 运行结果

程序中变量 r 定义在所有函数之外，main()、b()、s()函数都可以使用它。在 C 语言中，在所有函数外部定义的变量称为外部变量，也称为全局变量。

若将程序修改为

```
#include<graphics.h>
void b()
{
   circle(170,140,r+20);
   Sleep(5000);
}
void s()
{  circle(170,140,r-20);
   Sleep(5000);
   closegraph();
}
void main()
{  int r=50;
   initgraph(340,280);
   circle(170,140,r);
   Sleep(5000);
   b();
   s();
}
```

则编译时会出错，因为在函数 b()和 s()中 r 是不能够识别的标识符。由此可见，在 C 语言程序中，变量可以定义在函数内部，也可以定义在函数外部。变量定义的位置不同，它的作用范围也不同。一个 C 语言程序由多个函数构成，每个函数内部为一个范围。C 语言中的变量按其作用域范围可分为两种，即局部变量和全局变量。本例中的 r 即为全局变量；而修改后主函数内的 r 即为局部变量，它仅在 main()函数范围内有效。

7.4.1　局部变量

在一个函数（包括主函数）内部定义的变量称为局部变量，也称为内部变量。局部变量只在本函数内起作用，退出本函数，变量即被释放（清除），其值不能再被引用。函数体内复合语句中定义的变量，其作用域仅限于复合语句以内，即该变量定义的花括号对之内。形参也是局部变量。

例如：

```
void main()
{ int x,y;
  …
  { int i,j;
    …
  }
}
void max(int x,int y)
{ int z;
  …
}
```

（x和y有效范围：main函数全体；i和j有效范围：内层复合语句；x、y、z有效范围：max函数）

例 7-11　分析以下程序的运行结果。

```
#include <stdio.h>
void main()
{ int t=10;
  {
    int t=20;
    printf("in:%d\n",t);
  }
  printf("out:%d\n",t);
}
```

主函数中定义了两个变量t，第一个t在主函数范围内有效；第二个t在花括号“{}”内定义，因此在复合语句范围内有效。因此，程序运行结果如下：

```
in:20
out:10
```

例 7-12　分析以下程序的运行结果。

```
#include<stdio.h>
int f(int a)
{
  a=a+4;
  return(a);
}
void main()
{
  int a=3;
  printf ("%d\n" , f(a));
  printf ("%d",a);
}
```

main()函数包含内部定义的变量a，因此a在main()函数范围内有效。函数f()的形参a在函数f()内有效。虽然变量名均为a，但有各自的作用范围。因此，程序运行结果如下：

```
7
3
```

例 7-13　分析以下程序的运行结果，注意变量的作用域。

```
#include<stdio.h>
void de()
```

```
{ int n=100; n-=20;}
void main( )
{ int n=100;
   printf("n=%d\n",n);
   de( );
   printf("n=%d\n",n);
}
```

本例程序在 main()函数中定义了变量 n，赋初值为 100，因此第一次输出 n 的值即为 100。当执行到函数调用语句 de()时，流程转向 de()函数执行，而在 de()函数内又定义了一个变量 n，并赋初值为 100，虽然 n 的值变为 80，但它仅在 de()函数范围内有效。因此，第二次输出 n 的值仍然为 100。应该注意这两个 n 不在同一个函数中，因此不是同一个变量，作用范围也不同。

7.4.2 全局变量

在所有函数外部定义的变量称为全局变量，又称外部变量。全局变量的作用范围是从定义变量的位置开始到本程序文件的结束。

例 7-14 分析以下程序的运行结果。

```
#include<stdio.h>
int n=100;   //定义全局变量
void de()
{
    n-=20;
}
void main()
{
    printf("n=%d\n",n);
    de();
    printf("n=%d\n",n);
}
```

本例程序中，n 是在函数外部定义的全局变量，初值为 100，其作用域是整个程序范围。在 main()函数和被调函数 de()内，用到的 n 都是全局变量 n 的值。根据程序的执行顺序，main()函数中第一次输出的是 n=100；第二次输出的是经 de()函数调用而改变后的 n 的值，即 n=80。

例 7-15 分析以下程序的运行结果。

```
int n=100;
void de()
{  n-=20;}
void main()
{ printf("n=%d\n",n);
   for(;n>=60;)
   {  de();
      printf("n=%d\n",n);
   }
}
```

本例程序中，n 是在函数外部定义的全局变量，初值为 100，其作用域是整个程序范围。在 main()函数和被调函数 de()内，用到的 n 都是全局变量 n 的值。主函数执行过程中每调用一次 de()函数，n 的值就减小 20。因此，程序运行结果如下：

```
n=100
n=80
n=60
n=40
```

因此，若在一个函数中改变了全局变量的值，则其后引用该变量时，得到的是被改变了的值，即全局变量的值具有继承性。设置全局变量的作用是增加函数间数据联系的渠道。由于同一文件中的所有函数都能引用全局变量的值，因此如果在一个函数中改变了全局变量的值，就能影响其他函数，相当于各个函数间有直接的传送通道。由于函数的调用只能带回一个返回值，因此有时可以利用全局变量增加函数间的联系渠道，通过函数调用能得到一个以上的值。

例 7-16 分析以下程序的运行结果。

```
#include<stdio.h>
int n=100;
void de()
{  n-=20;}
void main()
{ int n=100;
   printf("n=%d\n",n);
   de();
   printf("n=%d\n",n);
}
```

本程序中的第一条语句定义了全局变量 n 并赋值为 100，因此 n 在整个程序范围内有效。但在 main()函数中也定义了同名变量 n，赋初值为 100，n 在主函数范围内有效。当局部变量与全局变量同名时，局部变量屏蔽全局变量。因此，程序运行结果如下：

```
n=100
n=100
```

思考：若将“int n=100;”写在两个函数之间，程序能够正确运行吗？答案是否定的。全局变量是从定义的位置开始到整个程序内有效，在未定义之前，de()函数是无法使用它的，因此会出现编译错误。若将程序修改为

```
extern  int  n;                //全局变量的声明
void de()
{  n-=20;}
int n=100;                     //全局变量的定义
void main()
{ printf("n=%d\n",n);
   for(;n>=60;)
   {  de();
      printf("n=%d\n",n);
   }
}
```

则可以正确运行。因此，若在定义全局变量之前需要引用该全局变量，则需要进行声明。

思考与练习

1. 全局变量可以同名吗？
2. 局部变量可以和全局变量同名吗？

7.5 实例13：变化的圆

编写一个绘制圆的函数，利用半径的变化绘制大小不同的圆。

实例13代码如下：

```
1   #include<graphics.h>
2   int r=100;
3   void s()
4   {
5      initgraph(340,280);
6      r=r-20;
7      circle(170,140,r);
8      Sleep(5000);
9      closegraph();
10  }
11  void main()
12  {
13     int i;
14     for(i=1;i<=3;i++)
15        s();
16  }
```

程序运行结果如图7-6所示。

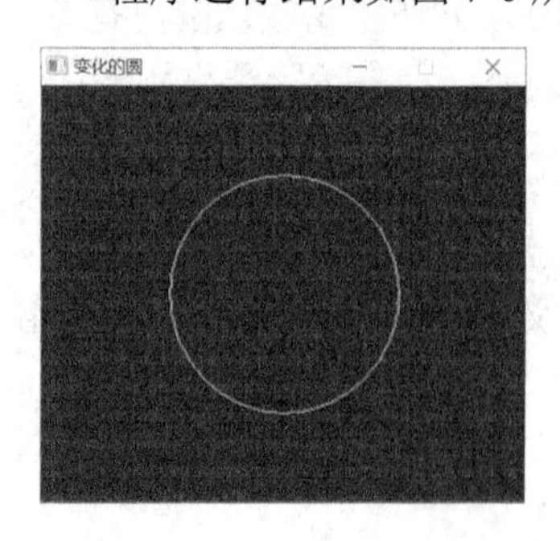

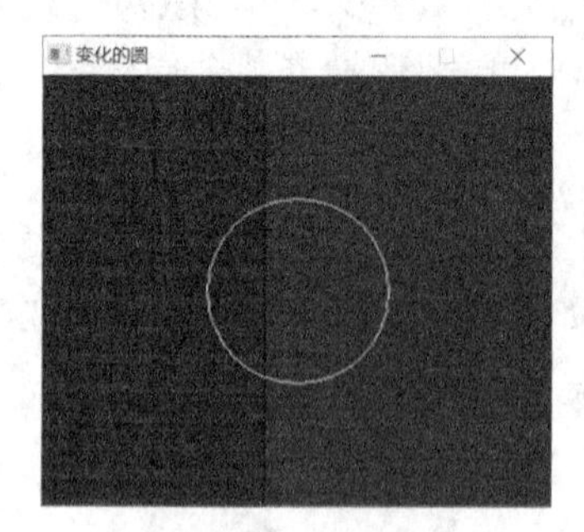

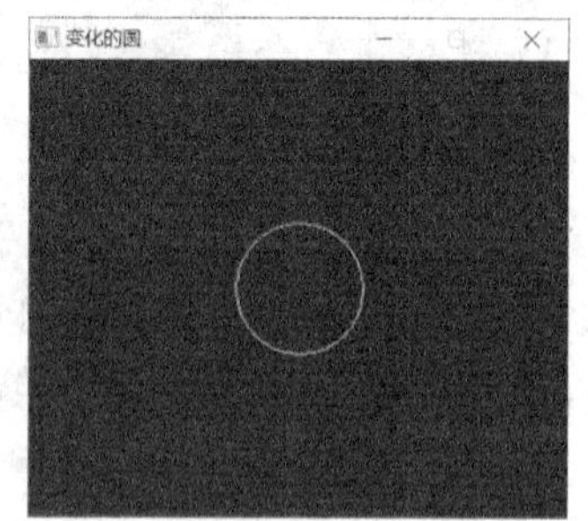

图7-6 实例13运行结果

1）定义一个在整个程序范围内有效的全局变量，当每一次调用结束之后，变量 r 并不释放对应的存储空间，而是保留改变后的值：

```
2   int r=100;
```

2）3次调用“s();”语句，绘制3个半径递减20的圆：

```
14     for(i=1;i<=3;i++)
15        s();
```

3）在C语言中，从变量值存在的时间（生存期）角度来分，其可以分为静态存储方式和动态存储方式两种类型。在实例中的全局变量 r 即为存储在内存静态存储区中的变量，局部变量 i 则为存储在动态存储区中的变量。

修改“int r=100;”的位置为函数 s()内定义，程序的运行结果将会如何变化？

7.6 变量的生存期

内存中供用户使用的存储空间可以分为 3 部分，如图 7-7 所示。

数据分别存放在静态存储区和动态存储区中。全局变量全部存放在静态存储区中，在程序开始执行时给全局变量分配存储区，程序执行完毕后就释放。在程序执行过程中它们占据固定的存储单元，而不是动态地进行分配和释放。

图 7-7 存储空间

静态存储方式是指在程序运行期间由系统分配固定的存储空间的方式，而动态存储方式则是在程序运行期间根据需要动态地分配存储空间的方式。

在 C 语言中，每个变量和函数都有两个属性：数据类型和存储类别。因此，变量定义的一般形式如下：

```
存储类 数据类型 变量名表;
```

C 语言提供了 4 种存储类别关键字：auto（自动变量）、register（寄存器变量）、static（静态变量）和 extern（外部变量）。

7.6.1 自动变量

auto 称为自动变量（局部变量）。局部变量是指在函数内部声明的变量（有时也称为自动变量）。所有的非全程变量都被认为是局部变量，所以 auto 实际上从来不用。局部变量在函数调用时自动产生，但不会自动初始化，随函数调用的结束，该变量会自动消失。下次调用此函数时再自动产生，还要再赋值，退出时又自动消失。

函数中的局部变量如无专门的存储类别声明，默认都是动态地分配存储空间的，数据存储在动态存储区中。函数中的形参和在函数中定义的变量（包括在复合语句中定义的变量）都属此类。在调用该函数时，系统会给它们分配存储空间，在函数调用结束时就自动释放这些存储空间。这类默认存储类别的局部变量称为自动变量。自动变量用关键字 auto 作存储类别的声明，一般形式如下：

```
auto 数据类型名 变量名表;
```

说明：

1）自动变量是局部变量。

2）auto 可以省略，它是函数体内的默认存储类型。例如，“auto int a;”等价于“int a;”。

3）自动变量存储在动态存储区中，即在函数被调用时才分配存储单元，调用结束后，释放所占的内存单元。

4）在对自动变量赋值之前，它的值是不确定的。

5）函数的形参也是一种自动变量，但不加存储类型标识符 auto。

6）对同一函数的多次调用之间，自动变量的值不保留。

例 7-17 自动变量的值不保留。

```
#include<stdio.h>
void main()
{
   void increment(void);
   increment();
   increment();
   increment();
}
void increment(void)
{
   int x=0;
   x++;
   printf("%d\n", x);
}
```

程序运行结果如下：

```
1
1
1
```

本程序中 increment()函数中定义的局部变量 x 是默认的自动变量。由于自动变量在函数调用时才被分配存储单元，调用结束后立即释放所占的存储单元，因此 main()函数中每一次发生函数调用，变量 x 的存储单元都是被临时分配并初始化为 0 的，即 x 的值不能被保留，因此每次输出结果都为 1。

7.6.2 寄存器变量

一般情况下，变量的值放在内存中，而 CPU 对寄存器的存取速度远高于对内存的存取速度。为了加快程序的运行速度，C 语言允许将使用频率较高的局部变量的值放在 CPU 的寄存器中，这种变量称为寄存器变量，用关键字 register 作存储类别声明，一般形式如下：

```
register 数据类型名 变量名表;
```

关于寄存器变量的几点说明如下：

1）寄存器变量的类型一般只限于整型、字符型或指向整型、字符型的指针，且只用于局部自动变量和形参。

2）寄存器变量采用动态存储方式，当函数调用时一些寄存器被用来存放寄存器变量的值，函数调用结束时寄存器被释放。

3）不能取寄存器变量的地址。

4）不能定义任意多个寄存器变量，因为一个计算机系统中的寄存器数目是有限的。

7.6.3 静态变量

有时希望函数中变量的值在函数调用结束后不消失而保留原值，这时就应该指定该变量为静态变量。静态变量存储在静态存储区中，在整个程序运行过程中都不释放，用关键字 static 进行存储类别声明，定义格式如下：

```
static 数据类型名 变量名表;
```

根据静态变量的作用域不同，静态变量分为静态局部变量和静态外部变量两种类型。

1. 静态局部变量

在函数内部定义的静态变量称为静态局部变量。它的作用范围就是它所在的函数，但静态局部变量在函数调用结束后并不释放，其值具有继承性，即在下一次调用函数时，此静态变量的初值就是上一次函数调用结束时该变量的值。

对静态局部变量的几点说明如下：

1）静态局部变量属于静态存储类别，在静态存储区内分配存储单元，在程序整个运行期间该类变量都不释放。与自动变量相比，静态局部变量延长了变量的生存期。

2）静态局部变量的初值不是在运行期赋值的，而是在编译期赋值的，因此静态局部变量的初值只在编译期赋值一次。如果变量定义时进行了初始化，则存储该值；如果变量定义时未进行初始化，则系统自动存储 0 值或空字符（对字符变量）。在程序运行的过程中，每次调用函数时不再重新赋初值，而是引用上次函数调用结束时该变量的值。

例 7-18 输出 1～5 的阶乘值。

```
#include<stdio.h>
int fac(int n)
{
   static int f=1;
   f=f*n;
   return(f);
}
void main( )
{
   int i;
      for(i=1;i<=5;i++)
         printf("%d!=%d\n",i,fac(i));
}
```

程序运行结果如下：

```
1!=1
2!=2
3!=6
4!=24
5!=120
```

本程序中，在被调函数 fac()中定义了一个静态局部变量 f，从程序开始运行该变量就已经存在并赋初值为 1。每当函数调用时，在被调函数中将形参 n 的值与静态变量 f 相乘后再赋值给 f，该值一直保持，每次函数调用都是在原来 f 值的基础上进行运算，因此每次函数的返回值就是相应阶乘的结果。

2. 静态外部变量

在所有函数以外定义的静态变量称为静态外部变量。它的作用范围为从定义的位置开始到整个程序文件结束。

对静态外部变量的几点说明如下：

1）与静态局部变量类似，静态外部变量在定义时如果没有初始化，则系统会自动赋0值或空字符。

2）静态外部变量的生存期一直持续到程序结束，其值具有可继承性。

3）在静态外部变量作用范围内的任何函数中都可以引用该变量的值，但静态外部变量的作用域仅限于定义它的源文件，即在定义它的源文件中有效，其他源文件不能使用。与全局变量相比，静态外部变量缩小了变量的作用域。

例 7-19 静态外部变量的应用举例。

```
#include<stdio.h>
static int a=3, b=5;
void main()
{
   void fun(void);
   printf("a=%d,b=%d\n", a, b);
   fun();
   printf("a=%d,b=%d\n", a, b);
}
void fun(void)
{
   int c;
   c=a; a=b; b=c;
}
```

程序运行结果如下：

```
a=3,b=5
a=5,b=3
```

本程序中定义了两个静态外部变量 a 和 b，其在整个程序范围内有效且其值一直保持。第一次在 main()函数中输出的 a 和 b 的值即为这两个静态外部变量的初值 3 和 5。在调用函数 fun()时，通过自动变量 c 将这两个静态全局变量的值交换，因此函数调用结束回到 main()函数后，再次输出的 a 和 b 的值就是交换后的值 5 和 3。

7.6.4 外部变量

如果在所有函数之外定义的变量没有指定其存储类别，那么它就是一个外部变量，其作用域和生存期与全局变量完全相同。全局变量是从作用域的角度提出的，外部变量是从存储方式的角度提出的。

外部变量的作用域从变量定义处开始，到本程序文件的末尾结束。如果要在定义点之前的函数中引用该外部变量，或者要引用同一工程中其他源文件中的外部变量，则应该在引用之前用关键字 extern 对该变量进行外部变量声明，表示该变量是一个已经定义的外部变量，现将其作用域扩展到此处。有了此声明，就可以从声明处起合法地使用该外部变量。外部变量的声明格式如下：

```
extern 数据类型名 变量名表;
```

或

```
extern 变量名表;
```

例 7-20 用 extern 声明将外部变量作用域扩展到其他文件。

源程序文件 file1 中的内容如下：

```
#include<stdio.h>
#include"file2.c"              //将 file2 文件内容包含到当前的头文件里
int a=100;                     //在源程序文件 file1 中定义外部变量 a
void  fun();                   //函数原型声明
void main()
{
  printf("file1 中 a 的值为: %d\n",a);
  fun();
  printf("file2 中 a 的值为: %d\n",a);
}
```

源程序文件 file2 中的内容如下：

```
extern a;                      //在源程序文件 file2 中对变量 a 进行外部变量声明
void fun()
{
  a= a+100;                    //在源程序文件 file2 中使用外部变量 a
}
```

程序运行结果如下：

```
file1 中 a 的值为: 100
file2 中 a 的值为: 200
```

在源程序文件 file1.c 中定义了一个外部变量 a，其作用域是从定义的位置开始，到本程序文件的末尾结束。因 main()函数在外部变量 a 的作用域内，因此在 main()函数中可以正常使用该变量。由于被调函数 fun()是在另一个源程序文件 file2.c 中定义的，而 a 是在 file1.c 中定义的，要想在 fun()函数中使用 a 的值，必须首先在 file2.c 中对变量 a 进行 extern 外部变量声明，使其作用域扩展到 file2.c 中才可以合法使用。

对外部变量的几点说明如下：

1）能够将其他文件中外部变量作用域扩展到本文件的所有源文件必须添加到同一个工程文件中，并且必须使用 extern 声明才可以使用其他文件中已经定义的外部变量。

2）使用外部变量应十分慎重，因为执行一个函数时，可能会改变该外部变量的值，从而会影响用到该变量的另一文件中函数的执行结果。

思考与练习

1. 若将 7.5 节实例 13 程序中的第一条全局变量的定义语句“int r=100;”放在函数 s()内，程序的运行结果将会如何变化？

2. 外部变量与静态全局变量有何区别？

7.7 内部函数和外部函数

函数本质上是全局的，因为一个函数可以被另一个源文件中的函数调用，但是也可以指定函数不能被其他源文件调用。根据函数能否被其他源文件调用，可将函数分为内部函数和外部函数。

7.7.1 内部函数

如果一个函数只能被本文件中的其他函数调用，则称其为内部函数，又称静态函数。在定义内部函数时，在函数名和函数类型之前加 static 关键字，即

```
static 类型标识符 函数名(形参表)
```

例如：

```
static long fun(int m)
```

此处的 fun()函数被定义为内部函数类型，则该函数将不能被其他文件中的函数调用。

使用内部函数可以使函数的作用域只局限于所在文件，在不同的文件中有同名的内部函数也不会互相干扰。这样不同的人可以分别编写不同的函数，而不必担心所用函数是否会与其他文件中的函数同名。

7.7.2 外部函数

函数在默认情况下都是外部函数，即可供其他文件调用，也可在函数首部最左端加关键字 extern 明确标注。例如，将 fun()函数首部定义为"extern long fun(int m)"，则 fun()函数就是一个外部函数。因此，前面用到的函数都是外部函数。当需要调用其他文件中的外部函数时，可用 extern 对函数进行声明，表示该函数是在其他文件中定义的外部函数，extern 也可省略。

如何确定一个函数是内部函数还是外部函数？

程 序 练 习

一、程序填空

1. 以下程序的功能是计算并输出 500 以内最大的 10 个能被 13 或 17 整除的自然数之和。

```
#include<stdio.h>
int fun(__________)
{
   int m=0,mc=0, j, n;
   while(k>=2 && ____________ )
   {
```

```
        if (k%13 == 0 || ____________ )
        {  m = m+k;  mc++;   }
           k--;
        }
        ____________ ;
}
void main( )
{
   printf("%d\n", fun (500));
}
```

2. 以下程序的功能是求100～999的水仙花数。

```
#include<stdio.h>
int fun(int n)
{
     int i,j,k,m;
     m=n;
     ____________;
     for(i=1;i<4;i++)
     {  ____________;
        m=m/10;
        k=k+j*j*j;
     }
     if(k==n)
        ____________;
     else
       return(0);
}
void main()
{
   int i;
   for(i=100;i<1000;i++)
        if( ____________ ==1)
   printf("%d is ok!\n" ,i);
}
```

3. 以下程序的功能是计算并输出high以内最大的10个素数之和，high由主函数传给fun()函数。例如，若high的值为100，则函数的值为732。

```
#include<stdio.h>
int fun(int high)
{  int sum=0, n=0, j, yes;
   while((high>=2) && (____________))
   {  yes =1;
      for(j=2;j<=high/2;j++ )
         if (______________)
         {  yes=0;  ____________;  }
      if(yes)
      {  sum +=high;  n++;  }
      high--;
   }
   ______________ ;
```

```
}
void main()
{
  printf("%d\n", fun(100));
}
```

二、程序改错

1. 编写函数，求 2!+4!+6!+8!+10!+12!+14!。

```
#include "stdio.h"
#include "conio.h"
long sum(int n)
{
   int i,j
     long t,s=0;
     for(i=2;i<=n;i++)
     {  t=1;
        for(j=1;j<=i;j++)
          t=t*j;
          s=s+t;
     }
     return(t);
}
void main()
{
   printf("this sum=%ld\n",sum(14));
}
```

2. 下列给定程序中，函数 fun()的功能是判断 m 是否为素数，若是返回 1，否则返回 0。主函数的功能是按每行 5 个输出 1～100 的全部素数。

```
#include<stdio.h>
void main()
{
   int m,k=0;
   for(m=1;m<100;m++)
   if(fun(m)==1)
   {
      printf("%4d",m);
      k++;
      if(k%5==0)
      printf("\n");
    }
 }
void fun(int n)
{
  int i,k=1;
  if(m<=1)
  k=0;
  for(i=1;i<m;i++)
    if(m%i=0)
  k=0;
```

```
   return m;
}
```

3. 给定程序MODI1.C中，函数fun()的功能是计算正整数num的各位上的数字之积。

```
#include<stdio.h>
long fun(long num)
{
   long k=1
   do
   {
      k*=num%10;
      num\=10;
   } while(!num);
   return(k);
}
void main()
{
   long n;
   printf("\Please enter a number. ");
   scanf("%ld",&n);
   printf("\n%ld\n",fun(n));
}
```

4. 利用递归方法求5!。

```
#include<stdio.h>
int fact(int j)
{
   int sum;
   if(j=0)
      sum=0;
   else
      sum=j*fact(j-1);
   return j;
   void main()
   {
      int i;
      int fact();
      printf("5!=%d\n",fact(5));
   }
}
```

三、程序设计

1. 编写函数fun()，求任一整数m的n次方。

2. 调用函数fun()，判断一个数是否是水仙花数。在main()函数中从键盘输入一个3位数，并输出判断结果。

3. 编写函数sub()，判断一个整数m的各位数字之和能否被7整除，可以则返回1，否则返回0。调用该函数，找出100～200满足条件的数。

4. 编写函数fun()，求N以内所有m的倍数之和。

5. 编写函数fun()，判断m是否为素数。主函数的功能为求出100～200的素数的个数。

第8章　数　　组

1）理解一维数组、二维数组、字符数组的概念。
2）掌握一维数组、二维数组及字符数组的定义、初始化和引用方法。
3）掌握运用字符数组进行字符串处理操作的方法。
4）具备运用数组进行编程解决实际生活中基本问题的能力。

前面几章介绍了整型、实型和字符型等基本数据类型。在C语言中，除了这些基本数据类型之外，还提供了一些更为复杂的数据类型，称为构造类型或导出类型，它们是由基本类型按照一定的规则组合而成的。

数组是最基本的构造类型，它是一组相同类型数据的有序集合。数组中的元素在内存中连续存放，每个元素都属于同一种数据类型，用数组名和下标可以唯一地确定数组元素。

8.1　一 维 数 组

8.1.1　一维数组的定义和引用

1. 定义

数组在使用之前必须先定义，即定义数组的名称、类型、大小、维数。

一维数组的定义形式如下：

类型 数组名[常量表达式]；

例如：

```
int a[5];
```

表示定义了一个一维数组，数组名为a，它包含5个元素，每个元素都为整型数据。

数组元素的序号从0开始，因此数组a包含的5个元素分别是a[0]、a[1]、a[2]、a[3]、a[4]，而不包含a[5]。

数组的内存排列如图8-1所示。其中，假设数组被分配在地址1000开始的内存区域，则数组名a的值为1000，即数组中第一个元素a[0]的存放起始地址，故&a[0]为1000。在C语言中，每个整型数据在内存占2个字节，故a[1]的起始地址为1002，即&a[1]为1002，&a[i]的起始地址为1000+i×2。有关地址、指针等概念将在第9章介绍。

	数组元素
1000	a[0]
1002	a[1]
1004	a[2]
1006	a[3]
1008	a[4]

图 8-1　数组的内存排列

说明：

1）类型可以是 int、char、long、float、double 等。

2）数组定义的方括号中，常量表达式指明了数组的大小，即数组中元素的个数，它可以包含枚举常量和符号常量，不可以是变量，即 C 语言中不允许对数组大小进行动态定义。

例如，以下数组定义语句：

```
const int s=15;
int a[s];                  //s 是符号常量，a 是具有 15 个整型元素的数组
float d[5]                 //具有 5 个单精度浮点型元素的数组
```

需要注意的是，如下定义语句是错误的：

```
int s=10;
int a[s];                  //s 是变量，C 语言中不允许用变量定义数组大小
```

C 语言规定，数组名表示该数组所分配连续内存空间中第一个单元的地址，即首地址。由于数组空间一经分配在运行过程中不会改变，因此数组名是一个地址常量，不允许修改。

2. 引用

定义数组后，就可以使用它了。C 语言规定，只能引用单个的数组元素，而不能一次引用整个数组。

数组元素的引用要指定下标，一般形式如下：

数组名 [下标]

下标可以是整型表达式，其合理取值范围是[0，数组长度-1]。

注意：数组下标从 0 开始，下标不能越界。

数组元素的使用方法与同类型的变量完全相同。例如：

```
int k,a[10];
```

定义了整型变量 k 和整型数组 a。在可以使用整型变量的任何地方，都可以使用整型数组 a 的元素。例如：

```
k=0;
a[0]=23;
a[k-2]=a[0]+1;
scanf("%d",&a[9]);
```

都是合法的 C 语句。

应注意区分数组的定义和数组元素的引用，两者都要用到“数组名[整型表达式]”。

定义数组时，方括号内是常量表达式，代表数组长度，可以包括常量和符号常量，但不能包含变量。也就是说，数组的长度在定义时必须指定，在程序的运行过程中不能改变。引用数组元素时，方括号内是表达式，代表下标，可以是变量，下标的合理取值范围为[0，数组长度-1]。

在编程时，注意不要让下标越界。因为一旦发生下标越界，就会把数据写到其他变量所占的存储单元中，甚至写入程序代码段，有可能造成不可预测的运行结果。

8.1.2 一维数组的初始化

和简单变量的初始化一样，在定义数组时，也可以对数组元素赋初值。其一般形式如下：

```
类型名 数组名[数组长度]={初值表};
```

初值表中依次放着数组元素的初值。例如：

```
int a[10]={1,2,3,4,5,6,7,8,9,10};
```

定义数组a，并对数组元素赋初值。此时，a[0]为1，a[1]为2，…，a[9]为10。

虽然C语言规定只有静态存储的数组才能初始化，但一般的C语言编译系统都允许对动态存储的数组赋初值。本书中也允许对静态数组和动态数组初始化。例如，初始化静态数组b：

```
static int b[5]={1,2,3,4,5};
```

静态存储的数组如果没有初始化，系统将自动给所有的数组元素赋0。例如：

```
static int b[5];
```

等价于

```
static int b[5]={0,0,0,0,0};
```

数组的初始化也可以只针对部分元素。例如：

```
static int b[5]={1,2,3};
```

只对数组b的前3个元素赋初值，其余元素的初值为0，即b[0]为1，b[1]为2，b[2]为3，b[3]和b[4]都为0。又如：

```
int fib[20]={0,1};
```

对数组fib的前2个元素赋初值，其余元素的值不确定。

数组初始化时，如果对全部元素都赋了初值，则可以省略数组长度。例如：

```
int a[]={1,2,3,4,5,6,7,8,9,10};
```

此时，系统会根据初值的个数自动给出数组的长度，即上述初始化语句等价于

```
int a[10]={1,2,3,4,5,6,7,8,9,10};
```

显然，如果只对部分元素初始化，数组长度是不能省略的。为了改善程序的可读性，尽量避免出错，建议读者在定义数组时，不管是否对全部数组元素赋初值，都不要省略数组长度。

8.1.3 一维数组的输入/输出

使用数组元素的下标和循环语句来完成数组元素的输入/输出。

假定有定义“int a[N];”，其中N是已定义的符号常量。

1. 数组元素的输入

```
for(i=0;i<N;i++)
  scanf("%d",&a[i]);
```

程序运行时，各数组元素之间以空格、回车或Tab制表符作为分隔符，系统直到接收满N个数值输入结束，否则一直等待用户输入。

2. 数组元素的输出

```
for(i=0;i<N;i++)
  printf("%d",a[i]);
```

程序运行时，各数值之间无分隔符，并在一行输出；若要规定每个元素的宽度，可以通过%md的形式进行控制；若要分行显示，则要加换行控制符。

思考与练习

1. 下列语句中，不正确的是（　　）。

   A. static char a[2]={1,2};　　　　B. static int a[2]={'1','2'};

   C. static char a[2]={'1','2','3'};　　　　D. static char a[2]={'1'};

2. 在C语言中，引用数组元素时，其数组下标的数据类型允许是（　　）。

   A. 整型常量　　　　B. 整型表达式

   C. 整型常量或整型表达式　　　　D. 任何类型的表达式

3. C语言中，数组元素的下标下限为___________。

4. C 语言中，数组名是一个不可变的___________量，不能对它进行加减和赋值运算。

5. 数组在内存中占一连续的存储区，由___________代表它的首地址。

6. 若有以下数组a，数组元素为a[0]～a[9]，其值为 9 4 12 8 2 10 7 5 1 3，则该数组中下标最大的元素的值是___________。

8.2 实例14：绘制气温变化图

本节以绘制气温变化图为例，介绍一维数组的编程应用。

程序分析：

对于每日气温的变化，一般采用两个极值来表示，分别是最高温度和最低温度。那么，如何对某一时间段内的气温变化进行呈现呢？

读者可以把每日最高温度（或最低温度）看成平面中的一个点，对某一时间段内的气温采样描述，由多个点连接成一条线，就能够呈现该时间段内气温的变化情况。

由于最高温度和最低温度属于同种类型的数据元素的集合，因此可以采用一维数组的形式分别对最高温度和最低温度进行存储和表示。然后，结合EasyX中绘制线型图形的函数进行直观描述与呈现。

实例14代码如下，图8-2是该程序的运行效果。

```
1   #include<graphics.h>
2   #include<conio.h>
3   #include<math.h>
4   void main()
5   {
6     initgraph(600,400);
7     setorigin(20,380);
8     setbkcolor(WHITE);
9     cleardevice();
10    line(0,0,580,0);
11    line(0,0,0,-360);
12    int l[30]={18,19,21,20,21,21,18,18,20,21,18,19,18,20,18,18,19,
  18,19,19,20,18,19,18};
13    int h[30]={25,29,30,29,30,30,26,25,29,30,25,29,25,29,25,26,29,
  26,29,29,29,26,29,26};
14    setlinecolor(0x24c097);
15    setlinestyle(PS_SOLID | PS_ENDCAP_FLAT, 2);
16    moveto(10,-l[0]*10+50);
17    for (int i=1;i<24;i++)
18      lineto(20*(i+1),-l[i]*10+50);
19    setlinecolor(RED);
20    moveto(10,-h[0]*10+50);
21    for (i=1;i<24;i++)
22      lineto(20*(i+1),-h[i]*10+50);
23    _getch();
24    closegraph();
25  }
```

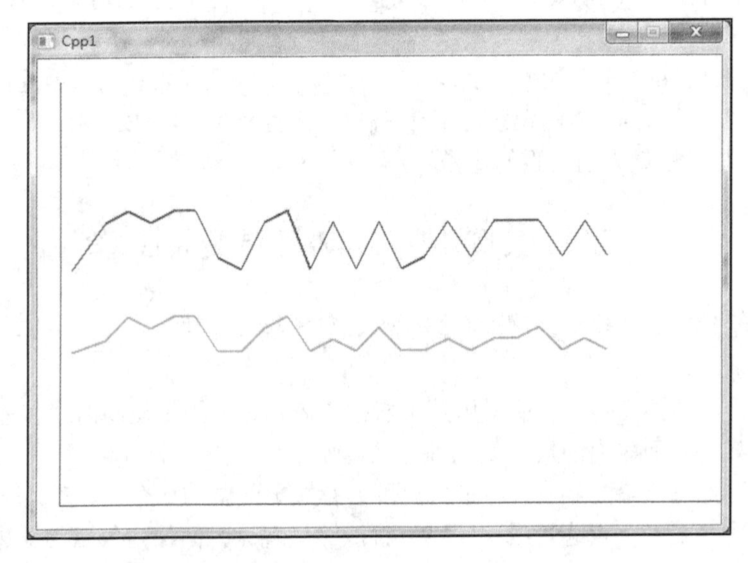

图 8-2 实例 14 运行结果

1）包含所需头文件：

```
1   #include<graphics.h>
2   #include<conio.h>
```

```
3   #include<math.h>
```

2）初始化绘图环境：

```
6       initgraph(600,400);
7       setorigin(20,380);
8       setbkcolor(WHITE);
9       cleardevice();
```

3）绘制坐标轴：

```
10      line(0,0,580,0);
11      line(0,0,0,-360);
```

4）定义两个一维数组，分别存储采样时间段内的最低温度和最高温度值：

```
12      int l[30]={18,19,21,20,21,21,18,18,20,21,18,19,18,20,…};
13      int h[30]={25,29,30,29,30,30,26,25,29,30,25,29,25,29,…};
```

5）设置颜色、线型和线宽：

```
14      setlinecolor(0x24c097);
15      setlinestyle(PS_SOLID | PS_ENDCAP_FLAT, 2);
```

6）利用循环绘制最低气温和最高气温变化曲线：

```
17      for (int i=1;i<24;i++)
18          lineto(20*(i+1),-l[i]*10+50);
21      for (i=1;i<24;i++)
22          lineto(20*(i+1),-h[i]*10+50);
```

思考与练习

在网上搜索中国近30年的GDP（gross domestic product，国内生产总值）和GNP（gross national product，国民生产总值），绘制其发展变化折线图，展现中国经济的腾飞和祖国的日益强大。

8.3 二 维 数 组

8.3.1 二维数组的定义和引用

C语言支持多维数组，最常见的多维数组是二维数组，主要用于表示二维表和矩阵。

1. 定义

二维数组的定义形式如下：

```
类型名 数组名[行长度][列长度];
```

例如：

```
int a[3][2];  //定义一个二维数组a，3行2列，共6个元素
```

2. 引用

引用二维数组的元素要指定两个下标，即行下标和列下标，形式如下：

```
数组名[行下标][列下标]
```

行下标的合理取值范围是[0，行长度-1]，列下标的合理取值范围是[0，列长度-1]。

对前面定义的数组 a，其行下标取值范围是[0, 2]，列下标取值范围是[0, 1]，6 个元素分别是 a[0][0]、a[0][1]、a[1][0]、a[1][1]、a[2][0]和 a[2][1]，可以表示一个 3 行 2 列的矩阵（图 8-3）。注意，下标不要越界。

二维数组的元素在内存中按行/列方式存放，即先存放第 0 行的元素，再存放第 1 行的元素，依此类推，其中每一行的元素再按照列的顺序存放。图 8-4 所示为数组 a 中各元素在内存中的存放顺序。

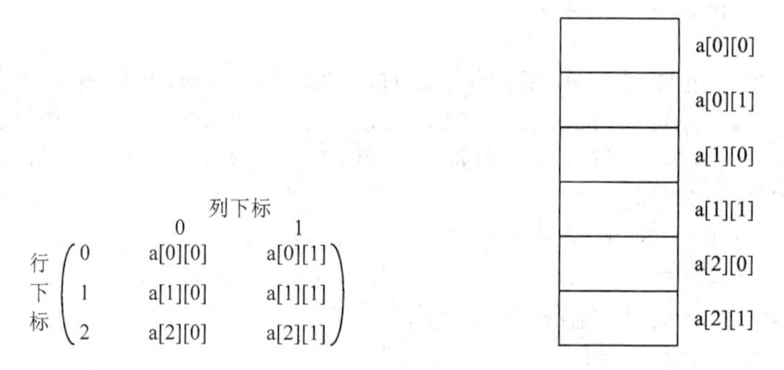

图 8-3　用二维数组表示矩阵　　　图 8-4　数组 a 中各元素在内存中的存放顺序

由于二维数组的行（列）下标从 0 开始，而矩阵或二维表的行（列）从 1 开始，因此用二维数组表示二维表和矩阵时，存在行（列）计数的不一致。为了解决这个问题，可以把矩阵或二维表的行（列）也看成从 0 开始，即如果二维数组的行（列）下标为 k，就表示矩阵或二维表的第 k 行（列）；或者定义二维数组时，将行长度（列长度）加 1，不再使用数组的第 0 行（列），数组的下标从 1 开始。

8.3.2　二维数组的初始化

在定义二维数组时，也可以对数组元素赋初值。二维数组的初始化方法有两种。

1. 分行赋初值

分行赋初值的一般形式如下：

```
类型名 数组名[行长度][列长度]={{初值表 0},…,{初值表 k},…};
```

把初值表 k 中的数据依次赋给第 k 行的元素。例如：

```
int a[3][3]={{1,2,3},{4,5,6},{7,8,9}};
```

初始化数组 a。此时，数组 a 中各元素为

$$\begin{pmatrix} 1 & 2 & 3 \\ 4 & 5 & 6 \\ 7 & 8 & 9 \end{pmatrix}$$

二维数组的初始化也可以只针对部分元素。例如：

```
static int b[4][3]={{1,2,3},{ },{4,5}};
```

只对数组 b 第 0 行的全部元素和第 2 行的前两个元素赋初值，其余元素的初值都是 0。

2. 顺序赋初值

顺序赋初值的一般形式如下：

```
类型名 数组名[行长度][列长度]={初值表};
```

根据数组元素在内存中的存放顺序，把初值表中的数据依次赋给元素。例如：

```
int a[3][3] = {1,2,3,4,5,6,7,8,9};
```

等价于

```
int a[3][3]={{1,2,3},{4,5,6},{7,8,9}};
```

如果只对部分元素赋初值，要注意初值表中数据的书写顺序。例如：

```
static int b[4][3]={1,2,3,0,0,0,4,5};
```

等价于

```
static int b[4][3]={{1,2,3},{},{4,5}};
```

由此可见，分行赋初值的方法直观清晰，不易出错，是二维数组初始化最常用的方法。

二维数组初始化时，如果对全部元素都赋了初值，或分行赋初值时在初值表中列出了全部行，就可以省略行长度。例如：

```
int a[][3]={1,2,3,4,5,6,7,8,9};
```

等价于

```
int a[3][3]={1,2,3,4,5,6,7,8,9};
```

与一维数组的情况类似，建议在定义二维数组时，不要省略行长度。

8.3.3 二维数组的输入/输出

在二维数组中，为了直观地输入或显示数组的逻辑形式，可通过二重循环有效地控制输入和输出。

例 8-1 输入两个矩阵A、B的值，求C=A+B，并显示结果。

$$A=\begin{pmatrix}2 & 13 & 7\\ 23 & 5 & 9\\ 6 & 44 & 18\end{pmatrix} \qquad B=\begin{pmatrix}42 & 51 & 15\\ 12 & 4 & 9\\ 56 & 2 & 17\end{pmatrix}$$

问题分析：

1）数据的输入/输出问题。矩阵各元素的输入可通过空格和回车符控制，内循环不换行。结束内循环，则输出“\n”换行控制符来进行标记。

2）矩阵相加，实质就是对应位置元素相加。

具体程序如下：

```
#include<stdio.h>
void main()
{
  int a[3][3],b[3][3],c[3][3],i,j;
  printf("输入A矩阵:\n");
  for(i=0;i<3;i++)
    for(j=0;j<3;j++)
        scanf("%d",&a[i][j]);
```

```
    printf("输入B矩阵:\n");
    for(i=0;i<3;i++)
      for(j=0;j<3;j++)
        scanf("%d",&b[i][j]);
    for(i=0;i<3;i++)
      for(j=0;j<3;j++)
            c[i][j]=a[i][j]+b[i][j];
    printf("输出C=A+B矩阵的结果\n");
    for(i=0;i<3;i++)
    {
        for(j=0;j<3;j++)
        printf("%5d",c[i][j]);
        printf("\n");
    }
}
```

思考与练习

1. 在执行“int a[][3]={{1,2},{3,4}};”语句后，a[1][2]的值是（　　）。

   A. 3　　B. 4　　C. 0　　D. 2

2. 若有声明“int a[][3]={1,2,3,4,5,6,7};”，则数组 a 第一维的大小是（　　）。

   A. 2　　B. 3　　C. 4　　D. 无确定值

3. 以下不能正确定义二维数组的选项是（　　）。

   A. int a[2][2]={{1},{2}};　　B. int a[][2]={1,2,3,4};

   C. int a[2][2]={{1},2,3};　　D. int a[2][]={{1,2},{3,4}};

8.4　实例 15：矩阵转置

本节以矩阵转置为例，介绍 C 语言中二维数组的应用。

问题描述：

输入一个正整数 n（$1<n\leqslant 6$），根据下式生成一个 n×n 的方阵，将该方阵转置（行列互换）后输出。

$$a[i][j]=i\times n+j+1(0\leqslant i\leqslant n-1,0\leqslant j\leqslant n-1)$$

例如，当 n=3 时，转置前：

$$\begin{pmatrix}1 & 2 & 3\\ 4 & 5 & 6\\ 7 & 8 & 9\end{pmatrix}$$

转置后：

$$\begin{pmatrix}1 & 4 & 7\\ 2 & 5 & 8\\ 3 & 6 & 9\end{pmatrix}$$

由于 n≤6，取上限，定义一个 6×6 的二维数组 a，行列互换就是交换 a[i][j]和 a[j][i]。

程序分析：矩阵转置并没有改变二维数组原来的行数和列数。通过观察发现，如果行标和列标相同，则该元素不需要发生变化。其余元素要进行值的交换，交换规则为将a[i][j]和 a[j][i]类的元素用经典的交换算法实现。

实例 15 代码如下：

```
//矩阵转置
#include<stdio.h>
int main()
{
   int i,j,n,temp;
   int a[6][6];
   //二维数组赋值
   printf("Enter n:");
   scanf("%d",&n);
   for(i=0;i<n;i++)                    //行下标循环是外循环的循环变量
     for(j=0;j<n;j++)                  //列下标循环是内循环的循环变量
        a[i][j]=i*n+j+1;               //给数组元素赋值
   //行列互换
   for(i=0;i<n;i++)
     for(j=0;j<n;j++)
      if(i<=j){                        //只遍历上三角阵
        temp=a[i][j];                  //交换 a[i][j]和 a[j][i]
        a[i][j]= a[j][i];
        a[j][i]=temp;
      }
   //按矩阵的形式输出 a
   for(i=0;i<n;i++){                   //针对所有行循环
     for(j=0;j<n;j++)
     printf("%4d",a[i][j]);
   printf("\n");                       //换行
   }
   return 0;
}
```

程序运行结果如下：

```
Enter n:3↙
   1   4   7
   2   5   8
   3   6   9
```

思考与练习

思考如何实现找到矩阵中的最大值，并将值和下标输出。

8.5 字 符 数 组

8.5.1 一维字符数组

一维字符数组用于存放字符型数据。它的定义、初始化和引用与其他类型的一维数组相同。

例如：

```
char str[80];
```

定义一个有 80 个字符型元素的数组 str。

再如：

```
char t[5]={'H','a','p','p','y'};
```

初始化数组 t。此时，t[0]为'H'，t[1]为'a'，t[2]和 t[3]都为'p'，t[4]为'y'。

又如：

```
static char s[6]={'H','a','p','p','y'};
```

对静态数组 s 的前 5 个元素赋初值，其余元素的初值为 0。上述初始化语句等价于

```
static char s[6]={'H','a','p','p','y',0};
```

整数 0 代表字符'\0'，即 ASCII 码为 0 的字符。上述初始化语句还等价于

```
static char s[6]={'H','a','p','p','y','\0'};
```

其相应内存单元的存储内容如图 8-5 所示。

s	H	a	p	p	y	\0
	s[0]	s[1]	s[2]	s[3]	s[4]	s[5]

图 8-5 相应内存单元的存储内容

数组初始化时，如果对全部元素都赋了初值，就可以省略数组长度。例如：

```
static char s[]={'H','a','p','p','y','\0'};
```

等价于前面的初始化语句，即数组长度是 6。

可以使用循环语句输入数组 t 的所有元素。例如：

```
for(i=0;i<5;i++)
  putchar(t[i]);
```

8.5.2 字符串

字符串常量就是用一对双引号括起来的字符序列，即一串字符，它有一个结束标志'\0'。例如，字符串"Happy"由 6 个字符组成。分别是'H'、'a'、'p'、'p'、'y'、'\0'，其中前 5 个是字符串的有效字符，'\0'是字符串的结束字符。

字符串的有效长度就是有效字符的个数，如"Happy"的有效长度是 5。

C 语言将字符串作为一个特殊的一维字符数组来处理。

1. 字符串的存储——数组初始化

字符串可以存放在一维字符数组中。例如：

```
static char s[6]={'H','a','p','p','y','\0'};
```

数组 s 中就存放了字符串"Happy"。

字符数组的初始化还可以使用字符串常量，上述初始化等价于

```
static char s[6]={"Happy"};
```

或

```
static char s[6]="Happy";
```

将字符串存入字符数组时，由于它有一个结束符'\0'，因此数组长度至少是字符串的有效长度+1。例如，字符串"Happy"的有效长度是 5，存储它的数组的长度至少应为 6。

如果数组长度大于字符串的有效长度+1，则数组中除了存入的字符串外还有其他内容，即字符串只占用数组的一部分。例如：

```
auto char str[80]= "Happy";
```

只对数组的前 6 个元素（str[0]～str[5]）赋初值，其他元素的值不确定，但这并不会影响随后对字符串"Happy"的处理。由于字符串遇'\0'结束，因此数组中第一个'\0'前面的所有字符和第一个'\0'一起构成了字符串"Happy"，即第一个'\0'之后的其他数组元素与该字符串无关。

注意：字符串由有效字符和字符串结束符'\0'组成。

2. 字符串的操作

将字符串存入一维字符数组后，对字符串的操作就是对该字符数组的操作。但是，它和普通字符数组的操作又有所不同。以遍历数组或字符串为例，由于普通数组中数组元素的个数是确定的，一般用下标控制循环；而字符串并没有显式地给出有效字符的个数，只规定在字符串结束符'\0'之前的字符都是字符串的有效字符，一般通过比较数组元素的值是否等于'\0'来决定是否结束循环，即用结束符'\0'来控制循环。

3. 字符串的存储——赋值和输入

将字符串存入数组，除了前面介绍的初始化数组外，还可以采用赋值和输入的方法。例如：

```
static char s[80];
s[0]='a';
s[1]='\0';
```

采用赋值的方法将字符串"a"存入数组 s。它等价于

```
static char s[80]="a";
```

注意：区分"a"和'a'，前者是字符串常量，包括'a'和'\0'两个字符，用一维字符数组存放；后者是字符常量，只有一个字符，可以赋给字符变量。

输入的情况比较特殊，由于字符串结束符'\0'代表空操作，无法输入，因此输入字符串时需要事先设定一个输入结束符。一旦输入结束符，就表示字符串输入结束，并将输入结束符转换为字符串结束符'\0'。

例 8-2 输入一个以回车符结束的字符串（少于 10 个字符），过滤所有非数字字符后转换成十进制整数输出。

```
#include<stdio.h>
```

```
int main(void)
{
   int i,number;
   char str [10];
   //输入字符串
   printf("Enter a string :");            //输入提示
   i=0;
   while((str[i]=getchar())!='\n')
       i++;
   str[i]='\0';
   //逐个判断是否是数字字符，并将行转换
   number=0;                              //存放结果，先清0
   for(i=0;str[i]!='\0';i++)              //循环条件：str[i]不等于'/0'
     if (str[i]='0'&& str[i]<='9')        //是数字字符
        number=number*10+str[i]-'0';      //转换成数字
   printf("digit=%d\n",number);
     return 0;
}
```

程序运行结果如下：

```
Enter a string : ab1cb23a↙
digit=123
```

输入一串字符后，输入的结束符'\n'被转换为字符串结束符'\0'，字符串"_ab1cd23a"存入数组 str 中。

注意：程序中的“str[i]= '\0'”不能省略，否则字符串就不能正常结束，影响后面的操作。

思考与练习

1. 不正确的赋值或赋初值的方式是（　　）。

   A. char str[]="string";　　　　B. char str[7]={'s','t','r','i','n','g'};

   C. char str[10]; str="string";　　　　D. char str[7]={'s','t','r','i','n','g','\0'};

2. 下面程序段的运行结果是（　　）。

```
char c[5]={'a','b','\0','c','\0'};
printf("%s",c);
```

   A. a''b'　　　　B. ab　　　　C. ab c　　　　D. a,b

8.6　实例 16：字符加密解密

本节以字符加密解密为例，介绍字符串函数的应用。

问题描述：

设计一个加密和解密算法。在对一个指定的字符串加密之后，能够利用解密函数对密文解密，显示明文信息。加密的方式是将字符串中每个字符加上它在字符串中的位置和一个偏移值 5。以字符串"mrsoft"为例，第一个字符 m 在字符串中的位置为 0，那么它对应的密文是“'m'+0+5”，即 r。

程序分析：

在 main()函数中使用 while 语句设计一个无限循环，并定义两个字符数组，用来保存明文和密文字符串。在首次循环中要求用户输入字符串，进行将明文加密成密文的操作，之后的操作则是根据用户输入的命令字符进行判断，输入 1 加密新的明文，输入 2 对刚加密的密文进行解密，输入 3 退出系统。

实例 16 代码如下，运行结果如图 8-6 所示。

```
1   #include<stdio.h>
2   #include<string.h>
3   int main()
4   {
5       int result = 1;
6       int i;
7       int count = 0;
8       char Text[128] = {'\0'};                //定义一个明文字符数组
9       char cryptograph[128] = {'\0'};         //定义一个密文字符数组
10      while (1)
11      {
12          if (result == 1)                    //如果是加密明文
13          {
14              printf("请输入要加密的明文：\n");    //输出字符串
15              scanf("%s", &Text);                 //获取输入的明文
16              count = strlen(Text);
17              for(i=0; i<count; i++)              //遍历明文
18              {
19                  cryptograph[i] = Text[i] + i + 5; //设置加密字符
20              }
21              cryptograph[i] = '\0';              //设置字符串结束标记
22              printf("加密后的密文是：%s\n",cryptograph);//输出密文信息
23          }
24          else if(result == 2)                    //如果是解密字符串
25          {
26              count = strlen(Text);
27              for(i=0; i<count; i++)              //遍历密文字符串
28              {
29                  Text[i] = cryptograph[i] - i - 5; //设置解密字符
30              }
31              Text[i] = '\0';                     //设置字符串结束标记
32              printf("解密后的明文是：%s\n",Text);     //输出明文信息
33          }
34          else if(result == 3)                    //如果是退出系统
35          {
36              break;                              //跳出循环
37          }
38          else
39          {
40              printf("请输入正确命令符：\n");        //输出字符串
41          }
```

```
42          printf("输入 1 加密新的明文，输入 2 对刚加密的密文进行解密，输入 3
      退出系统：\n");
43          printf("请输入命令符：\n");                  //输出字符串
44          scanf("%d", &result);                       //获取输入的命令字符
45      }
46      return 0;                                       //程序结束
47  }
```

```
"C:\Documents and Settings\Administrator\桌面\Debug\字符串加密和解密.exe"
请输入要加密的明文:
time
加密后的密文是: yotm
输入1加密新的明文, 输入2对刚加密的密文进行解密, 输入3退出系统:
请输入命令符:
2
解密后的明文是: time
输入1加密新的明文, 输入2对刚加密的密文进行解密, 输入3退出系统:
请输入命令符:
```

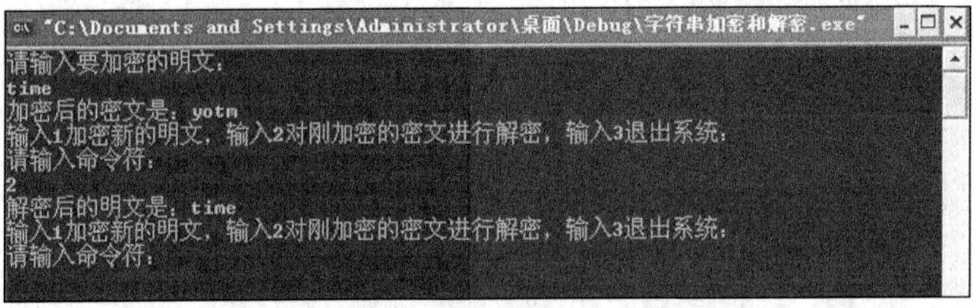

图 8-6 实例 16 运行结果

1）定义存储明文字符和密文字符的数组：

```
8       char Text[128] = {'\0'};
9       char cryptograph[128] = {'\0'};
```

2）如果 result 的值为 1，加密明文并输出：

```
12      if (result == 1)
13      {
14            printf("请输入要加密的明文：\n");
15            scanf("%s", &Text);
16            count = strlen(Text);
17            for(i=0; i<count; i++)
18            {
19                cryptograph[i] = Text[i] + i + 5;
20            }
21            cryptograph[i] = '\0';
22            printf("加密后的密文是：%s\n",cryptograph);
23      }
```

3）如果 result 的值为 2，解密密文并输出：

```
24      else if(result == 2)
25      {
26            count = strlen(Text);
27            for(i=0; i<count; i++)
28            {
29                Text[i] = cryptograph[i] - i - 5;
30            }
31            Text[i] = '\0';
32            printf("解密后的明文是：%s\n",Text);
33      }
```

4）如果 result 的值为 3，循环结束，退出系统：

```
34      else if(result == 3)
35      {
```

```
36 |            break;
37 |    }
```

5）如果输入非1、2、3，则可以重新输入：

```
38 |    else
39 |    {
40 |            printf("请输入正确命令符：\n");
41 |    }
```

6）获取输入命令选择：

```
42 | printf("输入1加密新的明文，输入2对刚加密的密文进行解密，输入3退出系统：
   | \n");
43 |    printf("请输入命令符：\n");
44 |    scanf("%d", &result);
45 |    }
```

思考与练习

编写一个模拟QQ用户名和密码登录验证程序。

8.7　函数库4：string库函数

C语言提供了丰富的字符串处理函数，可以实现字符串的输入、输出、连接、比较、转换、复制和搜索等功能，使用这些函数可以大大提高编程的效率。在使用字符串处理函数时，要用编译预处理命令#include将头文件“string.h”包含进来，puts()函数和gets()函数除外（需要包含头文件“stdio.h”）。

1. 字符串输出函数puts()

该函数的一般形式如下：

```
int  puts(字符数组名)
```

或

```
int  puts(字符串常量)
```

功能：把字符数组中的字符串输出到终端，并在输出时将字符串结束标志'\0'转成'\n'。

2. 字符串输入函数gets()

该函数的一般形式如下：

```
char *gets(字符数组名)
```

功能：接收从终端输入的字符串，并将该字符串存放到字符数组名指定的字符数组中。

例如，对于语句：

```
gets(str);
```

如果从键盘输入“Java↙”，则将输入的字符串"Java"存放到字符数组 str 中，数组长度为5（末尾自动加'\0'），函数gets()的返回值为字符数组str的起始地址。

注意： 用puts()函数和gets()函数每次只能输出或输入一个字符串，不能写为

```
puts(str1,str2)
```

或

```
gets(strl,str2)
```

3. 字符串连接函数 strcat()

该函数的一般形式如下：

```
char *strcat(字符数组名 1,字符数组名 2 或字符串常量)
```

功能：把字符数组名 2 中的字符串连接到字符数组名 1 中字符串的后面，并删除字符数组名 1 中字符串后面的串结束标志'\0'。字符数组名 1 必须足够大，以便能容纳连接后的新字符串。

例如，下面的语句段：

```
char str1[30]="New Beijing,";
char str2[]={"New Olympic!"};
printf("%s",strcat(strl,str2));
```

运行结果如下：

```
New Beijing,New Olympic!
```

4. 字符串复制函数 strcpy( )

该函数的一般形式如下：

```
char *strcpy(字符数组名 1,字符数组名 2 或字符串 2)
```

功能：把字符数组名 2 中的字符串复制到字符数组名 1 中，串结束标志'\0'也一同复制。与 strcat()函数一样，字符数组名 1 也必须定义得足够大，以便能容纳被复制的字符串。字符数组名 1 的长度不应小于字符串 2 的长度。

例如，下面的语句段：

```
char str1[10],str2[]={"Java"};
strcpy(str1,str2);
```

执行后，str1 的状态如图 8-7 所示。

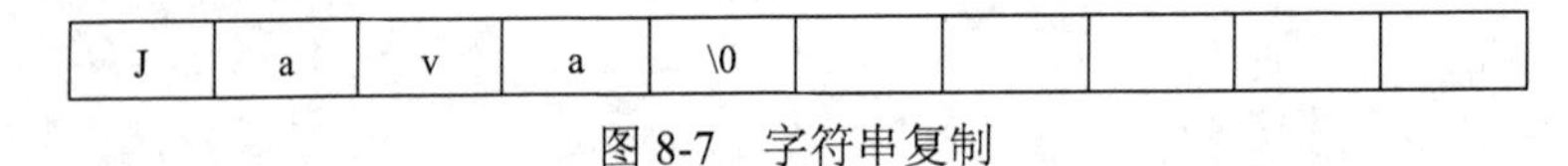

J	a	v	a	\0					

图 8-7　字符串复制

注意：不能用赋值语句将一个字符串常量或字符数组赋给另一个字符数组。

例如：

```
char str1[10],str2[ ]={"Java"};
str1=str2;
```

是错误的。

5. 字符串比较函数 strcmp()

该函数的一般形式如下：

```
int strcmp(字符串 1,字符串 2)
```

功能：按照 ASCII 码值的大小逐个比较两个字符串的对应字符，直到值不相等或遇到'\0'时结束比较。具体规则如下：

1）字符串 1=字符串 2，则返回值为 0。

2）字符串 1>字符串 2，则返回值为正数。

3）字符串 1<字符串 2，则返回值为负数。

本函数中的字符串 1 和字符串 2 可以是字符串常量，也可以是字符数组。

注意：两个字符串进行比较，不能用

```
if(str1==str2)  printf("yes");
```

而只能用

```
if(strcmp(str1, str2) == 0)  printf("yes");
```

6. 求字符串长度函数 strlen()

该函数的一般形式如下：

```
int strlen(字符串)
```

功能：计算出字符串的长度（不含字符串结束标志"\0"），并将该长度作为函数返回值。

例如，下面的语句段：

```
char str[10]={"Java"}
printf("%d",strlen(str));
```

运行结果是 4。

以上介绍了常用的 6 种字符串处理函数。再次强调，库函数并非 C 语言本身的组成部分，而是人们为使用方便而编写的，提供给大家使用的公共函数。每个系统提供的库函数数量和库函数名、库函数功能都不尽相同，使用时要谨慎，必要时查找库函数手册。当然，有一些基本的函数还是相同的（包括函数名和函数功能），这就为程序的通用性提供了基础。

思考与练习

若有“char s1[]="abc",s2[20],*t=s2;gets(t);”，则下列语句中能够实现当字符串 s1 大于字符串 s2 时，输出 s2 的语句是（　　）。

A. if(strcmp(s1,s1)>0)puts(s2);

B. if(strcmp(s2,s1)>0)puts(s2);

C. if(strcmp(s2,t)>0)puts(s2);

D. if(strcmp(s1,t)>0)puts(s2);

程 序 练 习

一、程序填空

1. 以下程序的功能是统计一个字符串中的字母、数字、空格和其他字符的个数。

```
#include<stdio.h>
void main()
{
   char s[80];int a[4]={0};
   int i,k;
```

```
    gets(s);
    for (i=0; ____________;i++)
    if('a'<=s[i]&&s[i]<='z'||'A'<=s[i]&&s[i]<='Z')
      a[0]++;
    else if ( ______________ )
      a[1]++;
    else if ( ______________ )
      a[2]++;
    else    a[3]++;
    puts(s);
    for(k=0;k<4;k++)
      printf("%4d", ______________ );
}
```

2. 以下程序的功能是将一个数组中的元素按逆序存放。

```
#define N 7
#include<stdio.h>
void main()
{  static int a[N]={12,9,16,5,7,2,1},k,s;
   printf("\n the origanal array:\n");
   for(k=0;k<N;k++)
     printf("%4d",a[k]);
   for (k=0;k< ______________; k++)
   {
     s=a[k];
     ______________;
     ______________;
   }
  printf("\n the changed array:\n");
  for (k=0;k<N;k++)
     ______________ ("%4d",a[k]);
}
```

3. 以下程序的功能是用二分法查找key值。数组中元素已递增排序，若找到key则输出对应的下标，否则输出not found。

```
#include<stdio.h>
#define N 10
void main()
{
   int a[N]={1,2,3,4,5,6,7,8,9,10};
   int low,high,mid,key,find;
   key=4;
   low=0;
   high=N-1;
   find=0;
   while( ______________ && find==0 )
   {
       mid=(low+high)/2;
       if(key<a[mid])
         ______________;
```

```
        else if(key>a[mid])
            ______________;
        else
            { ______________;
            break;}
    }
  if(find==1)
    printf("position %d\n",mid);
  else
    printf("not found");
}
```

4. 以下程序的功能是输出下面二维数组中的最大元素及其下标。

12	23	3	5
45	32	56	6
9	16	34	21

```
#include<stdio.h>
void main( )
{
   int i,j,max,row,column;
   int a[3][4]={{12,23,3,5},{45,32,56,6},{9,16,34,21}};
   ____________________;
   row=0;
   column=0;
   for(i=0;i<3;i++)
     for(j=0;j<4;j++)
       if(____________________)
       {
          max=a[i][j];
          ______________;
          ______________;
       }
   printf("The max number is:a[%d][%d]=%d\n",row,column,max);
}
```

二、程序改错

1. 用起泡法对10个整数从小到大排序。

```
#include<stdio.h>
void main()
{
   int i,j,t,n,a[100];
   printf("please input the length of the array:\n");
   scanf("%d",&n);
   for(i=0;i<n;i++)
      scanf("%d",&a[i]);
   for(i=0;i<n-1;i++)
      for(j=0;j<n-i;j++)
```

```
            if(a[i]>a[i+1])
            {
               t=a[j];
               a[j]=a[j+1];
               a[j+1]=t;
            }
printf("output the sorted array:\n");
   for(i=0;i<=n-1;i++)
      printf("%5d",a[i]);
   printf("\n");
}
```

2. 用选择法对数组中的n个元素按从小到大的顺序进行排序。

```
#include<stdio.h>
#define N 20
void main()
{
   int a[N]={9,6,8,3,-1},i,j,p,t,m = 5;
   printf("排序前的数据:");
   for(i=0;i<m;i++)
      printf("%d",a[i]);
   printf("\n");
   for(j=0;j<m-1;j++)
   {
       p = j
       for(i=j;i<m;i++)
         if(a[i]>a[p])
           p=j;
           t=a[p]; a[p]=a[j]; a[j] =t;
   }
   printf("排序后的数据:");
   for(i=0;i<m;i++)
      printf("%d",a[i]);
}
```

3. 求出N×M整型数组的最小元素及其所在的行坐标及列坐标（如果最小元素不唯一，选择位置在最前面的一个）。

例如：输入的数组如下。

```
9    2    3
4    15   6
12   1    9
10   11   2
```

求出的最小数为1，行坐标为2，列坐标为1。

```
#define N 4
#define M 3
#include<stdio.h>
void main()
{
```

```
    int a[N][M],i,j,min,row,col;
    printf("input a array:");
    for(i=0;i<N;i++)
      for(j=0;j<M;j++)
         scanf("%d",&a[i][j]);
    for(i=0;i<N;i++)
    {  for(j=0;j<M;j++)
           printf("%d",a[i][j]);
        printf("\n");
    }
    min=a[0][0];
    row=0;
    col=0;
    for(i=0;i<N;i++)
    {    for(j=i;j<M;j++)
         if(min<a[i][j])
           {   min=a[i][j];
               row=i;
               col=i;
           }
    }
    printf("min=%d,row=%d,col=%d",min,row,col);
}
```

4. 编写程序，生成一个对角线元素为5，上三角元素为0，下三角元素为1的3×3的二维数组。

```
#include<stdio.h>
void main()
{
    int a[3][3],i,j;
    for(i=1;i<3;i++)
      for(j=0;j<3;j++)
        if(i=j)
          a[i][j]=5;
        else if(j>i)
          a[i][j]=0;
        else
          a[i][j]=1;
    for(i=0;i<3;i++)
    {
         for(j=0;j<3;j++)
         printf("%d",a[i][j]);
         printf("\n");
    }
  }
```

5. 将下面的矩阵转置存放，并输出。

$$\begin{matrix} 1 & 4 & 7 \\ 2 & 5 & 8 \\ 3 & 6 & 9 \end{matrix}$$

```
#include<stdio.h>
#define N 3
void main()
{
    int i,j,t;
    int a[N][N]={{1,4,7},{2,5,8},{3,6,9}};
    for(i=0;i<=N;i++)
      for(j=i;j<N;j++)
      {
          t=a[i][j];
          a[i][j]=a[j][i];
          a[i][j]=t;
      }
    for(i=0;i<N;i++)
    {
        for(j=0;j<N;j++)
            printf("%d",a[i][j]);
        printf("\n");
    }
}
```

三、程序设计

1. 用数组来处理 Fibonacci 数列问题，输出 Fibonacci 数列的前 20 个数。

2. 输出以下的杨辉三角形（要求输出 10 行）。

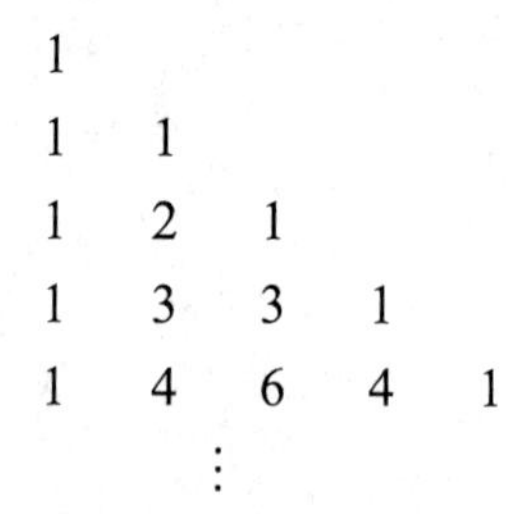

3. 输入 5 个字符串，要求找出并输出其中最大者。

4. 对键盘输入的两个字符串进行比较，然后输出两个字符串中第一个不同字符的 ASCII 码之差。例如，输入的两个字符串分别为"abcdefg"和"abceef"，则第一个不同字符为'd'和'e'，输出为-1。

第9章　指　　针

学习目标

1）理解指针变量的定义和引用方式，以及指针与函数的关系，并给出相关应用。

2）掌握指针在数组中的应用，包括指针与数组元素的关系、指针在数组中的运算规则等。

3）明确指针与字符串的关系，特别需要注意的是指针作为函数参数的情况。

4）具备使用指针操纵内存的实际编程能力。

指针是C语言最强大的工具，有了指针，C程序能灵活地掌控程序空间，能精确地操纵内存，指针是C语言的灵魂。运用指针的熟练程度决定了编程者的内存使用能力。

9.1　实例17：显示文字

本程序的功能是以仿宋、56号、绿色显示文字。

程序分析：

在屏幕上显示文字需要预先开辟绘图区域，同时确定该区域的大小，随后指定需要显示的文字大小、显示位置、字体名称、显示质量、是否需要下划线、文字颜色、文字内容。

Easy X库中提供了相关的设置函数，可以方便地进行各种参数的设定，并使用设置好的字体指针进行文字输出。

实例17代码如下，运行结果如图9-1所示。

```
1	#include<graphics.h>
2	#include<math.h>
3	#include<conio.h>
4	
5	void main(void)
6	{
7	    initgraph(640,480);
8	    LOGFONT f;
9	    gettextstyle(&f);
10	    f.lfHeight = 56;
11	    _tcscpy(f.lfFaceName, _T("仿宋"));
12	    f.lfQuality = ANTIALIASED_QUALITY;
13	    f.lfUnderline=1;
14	    settextstyle(&f);
15	    setcolor(GREEN);
16	    outtextxy(50,110, _T("HELLO WORLD!"));
17	    setcolor(YELLOW);
```

```
18 |        outtextxy(120,210, _T("你好,世界! "));
19 |        _getch();
20 |        closegraph();
21 | }
```

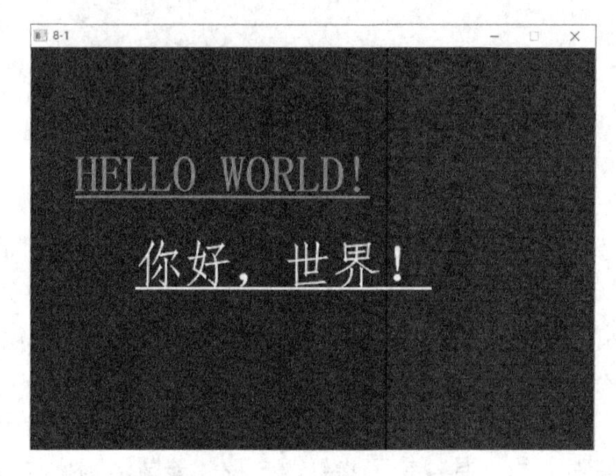

图 9-1　实例 17 运行结果

该程序的功能并不复杂，设置好画纸的尺寸、文字的字号、字体、下划线、颜色等即可显示相应的文字。

1）使用 initgraph()函数创建绘图窗口：

```
7 |        initgraph(640, 480);
```

2）把 f 的地址作为实参调用 gettextstyle()函数，这里 f 是一个 LOGFONT 类型的结构体变量，而&f 则是该变量的地址，即一个指针。gettextstyle()函数中的所有操作都会反馈在该地址代表的存储单元中，即 f 的内容会发生相应改变。我们知道，在函数调用中只能进行单向的值传递，可本例中需要重新设置字号、字体、下划线等，即需要由 gettextstyle()函数带回多个返回值。此时，便可使用“指针作为函数参数”实现地址的单向传递，gettextstyle()函数对&f 代表的存储单元的内容进行操作，所做改变存留在 f 中，进而也就实现了值的“双向”传递。

```
9 |        gettextstyle(&f);
```

3）设置字体的各种参数，即在 f 中对其各个成员正确赋值后，将 f 的地址传入函数，即可设置完成：

```
14 |        settextstyle(&f);
```

4）利用 outtextxy()函数可以在刚刚创建的绘图窗口中显示文字，显示时，需要指定所显示位置的横纵坐标、文字内容：

```
18 |        outtextxy(120,210, _T("你好,世界! "));
```

在该程序中，可以体会到指针的奇妙作用：只需要传递地址（指针），该地址存储的变量（包括结构体成员）就会彻底改变。

C 语言之所以被称为介于低级语言和高级语言之间的“中级语言”，具有较高的灵活性，都归功于指针发挥的巨大作用。小到搬运一个字符，大到申请一块内存空间，甚至挪动该空间内的全部数据，都需要指针来标识内存地址。

那么，什么是指针？www.answers.com 给出的定义是 A pointer is basically a reference to a memory address（指针是内存单元的地址）。内存单元里存放着变量，那么指针就是变量的地址。

变量存储在计算机的内存中；而内存则是有序的存储单位的集合，每一个存储单位都有特定的“门牌号”，由一串数字标识。变量就安放于某一个存储单位中，知道了“门牌号”（数字标识）就可以找到变量。指针就是“门牌号”，即数字标识，用于寻找、访问某一个特定的存储单元。

简言之，指针是地址，而变量是该地址对应的存储单元中存放的内容。

思考与练习

变量的指针，其含义是指该变量的（　　）。

A. 值　　B. 地址　　C. 名　　D. 一个标志

9.2 指针变量

9.2.1 定义

在C语言程序中，指针变量可以指向任何变量类型（基类型），但定义后，该指针变量只能指向它定义时确定的数据类型。定义指针变量的一般形式如下：

基类型 *指针变量名;

指针变量的定义可参见例9-1。

例9-1 定义指针变量。

```
#include<stdio.h>
{
    int *number_p2;             //number_p2是一个整型指针
}
```

按照上面的定义形式，在例9-1中，“int *number_p2;”定义了一个指向整型变量的指针变量number_p2。

其中，int是基类型，表示number_p2此后将仅指向整型变量。C语言中的语法不允许令一个整型指针转为指向其他类型，任何指针的基类型都是固定不变的。

由于每种基类型所占的存储空间不同，因此number_p2在数字上的任何改动都以其基类型所占的存储单元为基准，number_p2+1表示number_p2向后跳转1个整型变量所占的空间（通常为4字节）。

number_p2是指针变量的名字，其命名规则与普通变量相同，只是在习惯上常会在名字起始或末尾以字母p标注，以表明这是一个指针变量，而不是一个普通变量，方便程序的阅读和修改。

在基类型和指针名字之间的“*”号则明确指出number_p2是一个指针变量，将存储整型变量number_2的地址，以后在程序中可以使用*number_p2或number_p2的其他形式指代相应的整型变量。

例9-2 定义指针变量并对其初始化。

```
#include<stdio.h>
void main()
{
    char c1;            //定义了一个字符型变量 c1
    char *cp1=&c1;      //定义了一个字符指针 cp1，并使用 c1 的地址对其进行初始化
    char *cp2=cp1;      //用已初始化的 cp1 初始化 cp2
}
```

首先，“char c1;”定义了一个字符型变量 c1；接下来，定义了一个基类型为 char 的指针变量 cp1，并用字符变量 c1 的地址对 cp1 进行了初始化。“&”是取地址运算符，“&c1”表示取得变量 c1 的地址，并通过“=”赋值给 cp1，这种在定义之初就赋值的行为称为初始化。

由于 cp1 存储着一个地址值，因此可以用它对其他字符指针初始化。语句“char *cp2=cp1;”定义了字符指针 cp2，同时它也被初始化为 cp1，即 c1 的地址值。

对指针变量初始化时，只能使用以下几种值之一：

1）0 或 NULL。

2）同类型的变量地址。

3）同类型的其他指针变量。

小提示：初学者常使用数字对一个指针变量初始化，如“char *cp2=1001;”是错误的。

9.2.2　引用

完成了指针变量的定义和初始化后，就可以使用该指针变量，C 语言称之为引用一个指针变量。

例 9-3　引用指针变量。

```
#include<stdio.h>
{
    int number_3=5;
    int *number_p3;
    number_p3=&number_3;        //用“&”符号取出整型变量 number_3 的地址，将其赋
                                //给 number_p3;
    printf("number_p3 is a pointer, it points to %d, number_3 is %d\n",
*number_p3, number_3 );         //输出 number_p3 指向的内容和 number_3 的内容
}
```

语句“number_p3=&number_3;”是用“&”符号取出整型变量 number_3 的地址，将其赋给 number_p3，即让 number_p3 这个指针指向 number_3 所在的存储单元，如图 9-2 所示。随后的 printf()函数输出 number_p3 指向的内容和 number_3 的内容，这二者一致，原因就是 number_p3 也指向 number_3 所在的存储单元。

number_p3

5
number_3

图 9-2　指针变量的引用图示

在例 9-3 中，“number_p3=&number_3;”就是一次对 number_p3 的引用，在这里对其使用 number_3 的地址进行了赋值；而“printf("number_p3 is a pointer, it points to %d, number_3 is %d\n",*number_p3,number_3);”则需要使用“*number_p3”的形式进行引用。其中，“*”是取内容运算

符，加“*”号的原因是此时需要引用 number_p3 指向的存储单元中的数值。

程序运行结果如下：

```
number_p3 is a pointer, it points to 5, number_3 is 5
```

与 9.2.1 小节类似，指针的赋值运算的右值也必须是以下几种情况之一：

1）0 或 NULL。

2）同类型的变量地址。

3）同类型的其他指针变量。

初学者常使用数字对一个指针变量赋值，这同样是错误的。

小提示：上面所说的“同类型”在语法要求上并不严格。如果使用了不同基类型的指针进行赋值，编译时系统并不会报错，但在运行时却可能出现问题。其原因是不同基类型的指针，对其取内容、计算地址的加减时，都可能按照当前指针变量的基类型计算，而非指针指向的内存单元的类型。

思考与练习

1. 观察例 9-2 给出的代码，下列叙述中，正确的是（　　）。

   A. c1 是一个字符指针　　B. cp1 是一个普通变量

   C. cp2 中存储着 c1 的值　　D. cp2 中存储着 c1 的地址

2. 若有定义“char ch;”，则使指针 p 指向变量 ch 的定义语句是________。

3. 若定义“int a=511,*b=&a;”，则“printf("%d\n",*b);”的运行结果为（　　）。

   A. 无确定值　　B. a 的地址

   C. 512　　D. 511

4. 经过语句“int j,a[10],*p;”定义后，下列语句中，合法的是（　　）。

   A. p=p+2;　　B. p=a[5];

   C. p=a[2]+2;　　D. p=&(j+2);

5. 若有说明“int i, j=2,*p=&i;”，则能完成 i=j 赋值功能的语句是（　　）。

   A. i=*p;　　B. *p=*&j;

   C. i=&j;　　D. i=**p;

9.3 指针与函数

和普通变量一样，指针变量也可以作为函数参数。不同的是，普通变量作为函数参数时只是进行了单向的值传递；而指针变量作为函数参数时则会将指向内存单元的地址传递给被调函数，这样被调函数就可以修改该内存单元中的内容，而这种修改将会被回传至主调函数。

指针的这一特性改变了“被调函数只能通过 return 语句回传一个数值”的局面，使主调函数可以得到多个返回值，程序执行的灵活性因而大大提高。

例 9-4 用指针变量作为函数参数，使该程序能在一个一维整型数组中找出最大的数及其下标。

```
#define N 10
int fun(int *a,int *b,int n)
{
    int *c,max=*a;
    for(c=a+1;c<a+n;c++)
    if(*c>max)
    {
        max=*c;
        *b=c-a;}
    return max;
}
void main()
{
    int a[N],i,max,*p=NULL;
    printf("please enter 10 integers:\n");
    for(i=0;i<N;i++)
        scanf("%d",a[i]);
    max=fun(a,p,N);
    printf("max=%d,position=%d",max,*p);
}
```

本程序中，在第2行先行定义了fun()函数，其形参有3个：整型指针变量a、整型指针变量b、整型变量n。在第18行，fun()函数被调用，把a、p、N作为被调函数（fun()函数）的实参，其中a、p是指针，N是数值。这里的a完全不同于第2行定义中的形参a。虽然同为指针，但第2行的a是一个整型指针变量，是fun()函数的形参，是fun()函数中的局部变量；而第18行的a则是数组a[N]的首地址，它只是main()函数中的局部变量。fun()函数被调用时发生了单向的值传递，a、p、N的值分别传给了a、b、n。由于这里传递的“值”其实是地址，因此最终被调函数的全部操作都在该地址所代表的内存单元中体现，当程序流程再次回到主函数时，这些发生变化的内存单元依旧可见，即通过指针，大量的返回值可以回传至主调函数。

在具体的执行中，fun()函数在调用过程中将数组a的地址（指针）传给形参a（虽然名字相同，但实质上二者不同，前者是main()函数中的整型数组，而后者是一个在fun()函数中定义的整型指针变量）。p是一个整型，将通过形参b改变其内容（因为b是一个整型指针变量，b指向p，fun()函数中b所指存储单元内容的变化直接导致p的改变）。在fun()函数中完成操作后，被改变的内容存在指针b指向的内存单元（p）中，该内存单元在主调函数中仍将被引用并显示，那么被改变的内容就会显示出来。

程序运行结果如下：

```
please enter 10 integers:
12↙23↙9↙4↙18↙56↙8↙16↙77↙29↙
max=77,position=8
```

回想实例17，指针做函数参数的情形也有很多：

第9行，gettextxy(&f)以&f为参数，而f是一个LOGFONT类型的结构体变量，&f就是它的地址，即指针。调用gettextxy()函数后，&f指向的内容发生变化。f.lfHeight、f.lfFaceName、f.lfQuality、f.lfUnderline均被重新赋值。像这样地址不变，内容改变的操作，只能由指针来完成。

第 16 行，函数调用“outtextxy(50,110, _T("HELLO WORLD!"));”的参数也使用了指针的概念。outtextxy()的函数原型是 void far outtextxy(int x, int y, char *textstring)，前两个参数 50、110 是整型常量；而_T("HELLO WORLD!")则是一个字符指针，是内存中"HELLO WORLD!"字符串所在的地址。

思考与练习

1. 若函数的形参是指针类型，则实参可以是________或________。
2. 函数的参数为 char *类型时，形参与实参结合的传递方式为________。
3. 下面函数的功能是求两个整数的积，并通过形参传回结果，请填空。

```
void mul(int x,int y,int* result)
{________=x*y;}
```

9.4　指针与数组

数组的每一个元素都和普通变量相似：占有固定大小的内存空间、存有某些数据内容、拥有固定的存储地址。因此，和普通变量一样，数组元素也可以通过指针进行引用。这种引用包括赋值、进行各种运算等。

9.4.1　数组元素

当定义了一个数组时，实际上是向内存管理系统申请了一块相应大小的内存块，内存块的首地址（首指针）被存放在数组名中。可以说，数组名就是一个指针。以后每次引用该数组名，都是在指代该内存块。

该数组中的每一个元素都相当于一个普通变量，只是它们的名字是统一的“数组名[编号]”的形式。它们不是指针，但可以通过“数组名+偏移量”这种指针方式找到。

任何类型的数组都由所属类型的数组元素构成。如果同时存在一个相同基类型的指针变量，就可以用该指针变量引用数组元素。

以上叙述可以用例 9-5 形象地表示。

例 9-5　表示数组元素的指针。

```
#include<stdio.h>
void main()
{
    int num_123[5]=[6,7,8,9,0];
    int *np=num_123;        //np 是指向 num_123 的指针，可以引用该数组的任意元素
    np[4]=np[0]+np[3];
}
```

在例 9-5 中，“int num_123[5]=[6,7,8,9,0];”定义了一个数组，名为“num_123”，它有 5 个元素，num_123[0]～num_123[4]，定义同时进行了初始化，其值分别为 6，7，8，9，0。

num_123 不仅是数组名，也是数组的首地址，它是一个指针。num_123+1 和

num_123[1]是等价的。

num_123[0]～num_123[4]则只相当于 5 个普通变量，可以把它们看作由数组首地址 num_123 引用得到的。

“int *np=num_123;”定义了一个基类型为整型的指针变量 np，并把它初始化为数组的首地址 num_123。现在，np 和 num_123 的地位一致，都指向该内存块的首地址，并可以随时取用数组中的任何一个元素。

“np[4]=np[0]+np[3];”表示数组元素 np[0]（num_123[0]）和 np[3]（num_123[3]）的值相加后赋给 np[4]（num_123[4]），即 6+9（15）赋给了 np[4]（num_123[4]）。

9.4.2 运算

当一个指针已经指向了具有相同基类型的数组时，那么该数组中的每个元素都可以被这个指针引用。此时，可以将“*”（取内容运算符）置于指针变量之前，即“*指针变量名”。这一表达式可以取出该指针变量名指向的存储单元里的内容，即“使用指针引用数组元素”。

指针变量本身可以初始化和重新赋值，也可以对其进行加、减、自增、自减、+=、-=运算。下面分析例 9-6，以了解指针的运算规则。

例 9-6 在引用数组元素时指针的运算。

```
#include<stdio.h>
void main()
{
   char name[20],*p=name;    //p 指向数组 name
   p++;                      //p 自增 1 个单位
}
```

“char name[20],*p=name;”申请了一个元素数为 20 的字符数组 name，其元素为 name[0]～name[19]；随后，申请了一个基类型为字符类型的指针变量 p，并用字符数组 name 的首地址（name）对其进行初始化。现在，p 就是数组 name 的首地址，p 指向该数组的第 0 个元素。

那么，p++后，p 发生了什么变化？p 自增了几个字节？

答案是 p 会自增一个字符单元。在所有的编译系统中都规定一个字符占用 1 字节，因此 p++后，p 会自增 1 字节，如图 9-3 所示。

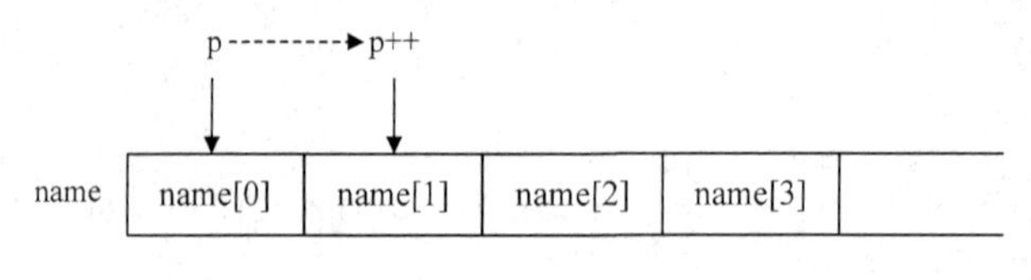

图 9-3 指针引用数组元素

如果 p 是一个基类型为整型的指针，那么 p++后，p 自增 2 字节（Turbo C）或 4 字节（Visual C++）。

如果 p 是一个基类型为浮点型的指针，那么 p++后，p 自增 4 字节或者 8 字节，抑或更多。

例 9-6 只是展示了自增运算时用于引用数组元素的指针的移动方式。对于加、减、自减、+=、-=运算，道理是相似的。

当指针移动到相应位置时，就可以使用“*指针变量名”的方式引用相应的数组元素。此时得到数组元素的方式与“数组名[元素标号]”方式直接引用数组元素的方式效果相同，都可以将数组元素视为普通变量，对其进行各种运算。

9.4.3 指针与数组元素

例 9-6 中定义了字符数组 name、指向字符变量的指针 p，且 p 指向字符数组的首地址。那么，如果此时有例 9-7 所示程序，则语句“p=name+5;”“*(p+3)='f';”“p[6]='d';”“*(name+7)='a';”分别表示什么含义？

例 9-7 通过指针引用数组元素。

```
#include<stdio.h>
void main()
{
    char name[20],*p=name;        //p 指向数组 name
    p++;                          //p 自增 1 个单位
    p=name+5;
    *(p+3)='f';
    p[6]='d';
    *(name+7)='a';
}
```

下面逐个解释“p=name+5;”“*(p+3)='f';”“p[6]='d';”“*(name+7)='a';”语句。

第 6 行：“p=name+5;”。此语句执行前，p 指向字符数组的首地址。此语句执行后，p 自 name 标识的位置开始，前进 5 个存储单元，即 5 个数组元素。至于每个数组元素占用多大的存储空间，则因机器而异。在例 9-7 中，通常每个字符占用 1 字节，那么 p 就挪动了 5 字节，指向 name[5]。如果 name 是一个整型数组，那么 p 就会挪动 10 或 20 字节。

第 7 行：“*(p+3)='f';”。现在，p 指向 name[5]。p+3 是一个新指针，它继续前进，挪到了 name[8]。但现在它只是指向 name[8]，若要真正改动 name[8]的内容，必须要对该新指针取内容，可以使用“*”。那么，“*(p+3)”就是 name[8]元素本身，现在用'f'对它赋值是完全合法的。因此，语句“*(p+3)='f'”就相当于“name[8]='f';”。

第 8 行：“p[6]='d';”。虽然经过前面的操作有的数据发生了变化，但 p 的位置没有变，仍然指向 name[5]。现在，再取 p[6]意味着从 p 的当前位置向后数，越过 6 个元素，即 name[5+6]（name[11]），它和 p[6]是同一个元素。随后，把 name[11]赋值为字符'd'。

第 9 行：“*(name+7)='a';”。name 是数组名，从本质上来说，它是数组的首地址。name+7 就是从首地址开始向后数 7 个元素，得到一个新地址，指向 name[7]。但是，要想得到 name[7]元素本身，必须对新地址取内容，可以使用“*”。所以，*(name+7)相当于 name[7]元素本身，*(name+7)='a'就是用字符'a'为 name[7]赋值。

思考与练习

1. 以下语句中（　　）不是对数组 a 的正确引用，其中“0<=i<10.int a[10], *p=a;”。

A. *(*(a+1))　　B. *(&a[i])　　C. p[i]　　D. a[p-a]

2. 变量 p 为指针变量，若 p=&a，则下列说法不正确的是（　　）。

A. &*p==&a　　B. *&a==a　　C. (*p)++==a++　　D. *(p++)==a++

3. 若有以下定义和语句：

```
int a[4]={0,1,2,3},*p;
p=&a[2];
```

则*--p 的值是________。

9.5　实例 18：随机位置显示随机文字

程序分析：

回顾实例 17，其只能在特定位置显示文字。如果借助数组，就可以存储多个随机坐标，可在随机位置显示文字。如果能把文字存入数组，显示时就可以随机调取内容。

本程序的功能是在随机位置显示某个文字。

实例 18 代码如下，运行结果如图 9-4 所示。

```
1    #include<graphics.h>
2    #include<math.h>
3    #include<conio.h>
4    #include<stdlib.h>
5    #include<time.h>
6    #include<stdio.h>
7    void main(void)
8    {
9        int i;
10       int x[200],y[200],text[200];
11       char real_text[5][2]={"a","b","c","d","e"};
12       LOGFONT f;
13       srand((unsigned)time(NULL));
14       for(i=0;i<200;i++)
15       {
16           x[i]=rand()%640;
17           y[i]=rand()%480;
18           text[i]=rand()%5;
19       }
20       initgraph(640,480);
21       for(i=0;i<200;i++)
22       {
23           gettextstyle(&f);
24           f.lfHeight = 36;
25           _tcscpy(f.lfFaceName,"仿宋");
26           f.lfQuality = ANTIALIASED_QUALITY;
```

```
27              f.lfUnderline=1;
28              settextstyle(&f);
29              setcolor(YELLOW);
30              outtextxy(x[i],y[i],_T(real_text[text[i]]));
31              Sleep(50);
32          }
33          _getch();     //按任意键退出
34          closegraph();
35      }
```

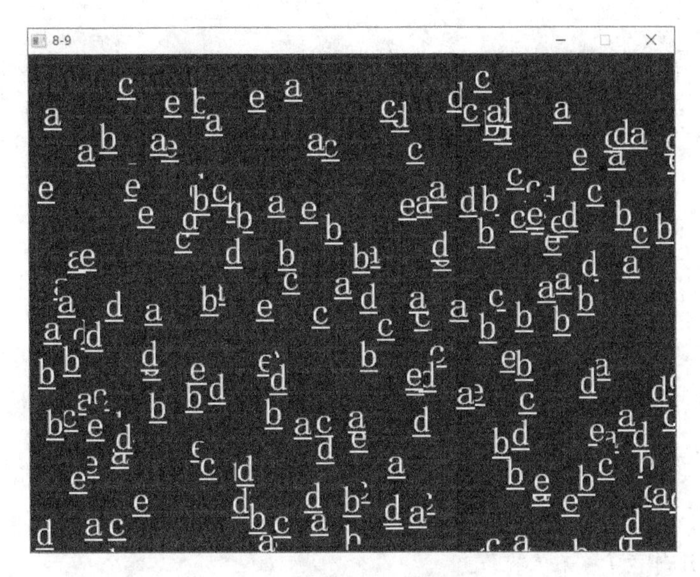

图 9-4　实例 18 运行结果

1）为了实现显示随机文字的功能，需要预先定义一个数组，用于存储即将随机访问的多个字符串：

```
11      char real_text[5][2]={"a","b","c","d","e"};
```

2）要在随机位置显示，则需要设定一个循环，循环次数取决于随机显示文字的次数。在循环体中，将使用 rand()函数随机产生 3 个整数，分别用于设置本次文字显示的位置和内容。

```
14      for(i=0;i<200;i++)
```

3）与实例 17 相似，“gettextstyle(&f);” 也是以指针作为函数实参，这样的函数调用可以带回多个操作数：

```
23      gettextstyle(&f);
```

4）“outtextxy(x[i],y[i],_T(real_text[text[i]]));” 可以实现输出随机字符的功能。“char real_text[5][2]={"a","b","c","d","e"};” 是一个二维数组，该二维数组中的 5 行 “"a","b","c","d","e"” 其实是 5 个字符指针。要想获得这 5 个字符指针中的某一个，必须用 0～4 的一个随机整数进行引用。text[i]是一个存储随机数的数组，i 从 0 遍历到 4，取到的每个 text[i]作为随机数引用 real_text[text[i]]，接下来用字符指针 real_text[text[i]]调用函数 outtextxy()，即 “outtextxy(x[i],y[i],_T(real_text[text[i]]));”，可随机显示 5 个字符

中的一个。

```
30 |     outtextxy(x[i],y[i],_T(real_text[text[i]]));
```

思考与练习

想要实现在随机位置显示某个字符的功能，最好采用________来存储多个字符。

9.6 指针与字符串

字符串就是字符数组；反过来，字符数组有很多形式，字符串是其中一种。

既然字符串是一种特殊的字符数组，那么它具有的各种要素，如首地址、元素、首尾元素、长度等的计算方式都与字符数组相同，这就为通过指针引用字符串提供了可能。

9.6.1 字符串

作为数组的一种，字符串的存在必须首先开辟内存空间。既然是空间，就有内存地址。

程序中要引用一个字符串，无论采用哪种方式，其实质都是通过该字符串的地址访问它本身。

字符串的引用方式可分为字符串常量的引用和字符串“变量”的引用两种。

1. 字符串常量的引用

我们认识的第一个C语言程序往往会如例9-8这样进行组织。

例9-8 引用一个字符串常量。

```
#include<stdio.h>
void main()
{
   printf("Hello World\n");//直接引用字符串
}
```

该程序在运行时会自动向系统申请一段空间，用来存放"Hello World\n"字符串，所申请的空间存储着'H'、'e'、'l'、'l'、'o'、' '、'W'、'o'、'r'、'l'、'd'、'\n'、'\0'，其长度为13字节（计算方法：12+1=13字节）。后加的1个字符是C语言编译系统自动添加的、用于保存字符串的结束符'\0'。

申请完成后，这一串字符就会被存入该段空间内，同时该空间的首地址也会被系统自动返回，作为函数printf()的实参。当然，这一过程完全是系统自动完成的，无须用户参与。

程序的运行结果是在屏幕上输出“Hello World”。

2. 字符串“变量”的引用

这里需要注意，字符串“变量”其实不存在，使用双引号的意思是使用其他变量存储或引用字符串。若想引用字符串变量，不再由系统自动完成，而是需要用户区分该变量的存储方式，辨别存储地址并加以存储。

（1）使用字符数组存储字符串

这种方式相对简单，只要字符数组够大，就可以把字符串放在其中。但要注意，“够大”的意思是用户申请的字符数组长度一定要大于字符串的长度（非≥）。

例 9-9 输出存在于字符数组内的字符串。

```
#include<stdio.h>
void main()
{
    char stc[20]={"Hello World\n"};     //stc是数组名，也是首地址
    printf("%s",stc);
}
```

stc 是一个字符数组，字符串常量"Hello World\n"对其进行了初始化操作。“char stc[20]={"Hello World\n"};”执行后，stc 字符数组中的存储内容就是'H'、'e'、'l'、'l'、'o'、' '、'W'、'o'、'r'、'l'、'd'、'\n'、'\0'这几个字符及一些空格字符（系统默认）。

此时，“printf("%s",stc);”相当于在屏幕上输出“Hello World”，即引用字符数组 stc 相当于引用了字符串"Hello World\n"。

程序运行结果如下：

```
Hello World
```

（2）使用指针变量引用字符串

如前所述，当一个字符串常量出现在程序中，那么在程序运行时，系统已经默认为该字符串常量开辟了一定的内存空间。此时，用户只需要指派一个字符指针变量用来保存这段空间的首地址即可。以后，每当使用该指针变量时，就会引用相应的字符串。

例 9-10 使用指针引用字符串。

```
#include<stdio.h>
void main()
{
    char *pstc={"Hello World\n"};//pstc是指向字符串的指针变量
    printf("%s",pstc);
}
```

pstc 只是一个字符指针，但是为什么能用字符串常量"Hello World\n"对其初始化？这是因为在程序运行时，系统已经默认为"Hello World\n"开辟了 13 个字符的内存空间。在“char *pstc={"Hello World\n"};”运行后，系统又将该空间的首地址存放在字符指针 pstc 中。此后调用 printf()函数时，便可使用 pstc 引用"Hello World\n"这个字符串。

程序运行结果如下：

```
Hello World
```

9.6.2 指针作为函数参数

字符指针也是指针，那么用字符指针作函数参数有什么特殊性？为什么要单独讨论这一问题？

前面已经讨论过，用指向普通变量的指针作函数参数可以将改变后的变量值传回主调函数。由于字符串的诸多性质，用指向字符串的字符指针作函数参数时，就可以实现被改变的字符串传回主调函数这一功能。

以下程序的功能是将字符串中的小写字母转换为大写字母，其他字符不变。

```
#include<string.h>
#include<stdio.h>
void change(char str[])
{
    int i;
    for(i=0;str[i]!='\0';i++)
      if(str[i]>='a' && str[i]<='z')
         str[i]=str[i]-32;
}
void main()
{
    void change();char str[40];
    gets(str);
    change(str);
    puts(str);
    getch();
}
```

首先看 change()函数的定义。在第 6 行的 for 循环中，对每个字母依次判断是否为小写字母，如果是，则在第 8 行转换为大写字母。第 10 行是程序的入口，即 main()函数的语句的起始点。第 14 行调用函数 change()，将字符串中的小写字母转换为大写字母。语句“change(str);”调用函数 change()，实参是 str。str 是一个指向字符串的字符指针，用它作为实参，实际上是将整个 str 的字符串内容传入 change()函数，同时传入的还有 str 字符串的首地址。也就是说，在 change()函数中经过“str[i]=str[i]-32;”的操作后，每个 str[i]都会转换为大写字母，并且这种转变会在 str 指向的内存空间内永久改变。在 main()函数中通过 puts()函数输出 str 时，将会输出小写字母转换为大写字母，其他字符不变的新 str 字符串。

程序运行结果如下：

```
abcdefg↙
ABCDEFG
```

思考与练习

1. 使用指针引用字符串时，其实是让指针指向__________。
2. 想要将改变后的变量值传回主调函数，可以用指向变量的指针作__________。

9.7 实例 19：完全随机的字符显示函数

程序分析：

在实例 18 中已经可以在随机位置显示随机文字。本例对这段程序稍加改进，实现一个更为随机的函数，同样是显示字符，但位置随机、文字大小随机、文字颜色随机、字体随机、字符内容随机。

实例 19 代码如下，运行结果如图 9-5 所示。

```
1   #include<graphics.h>
2   #include<math.h>
3   #include<conio.h>
4   #include<stdlib.h>
5   #include<time.h>
6   #include<stdio.h>
7   void main(void)
8   {
9       int i;
10      int x[100],y[100],height[100],color[100], text[100],face[100];
11      char string[10];
12      int real_height[5]={20,24,28,36,48};
13      char  real_color[6][7]={"GREEN","BLUE","RED","YELLOW","WHITE",
    "PINK"};
14      char real_face[3][10]={"宋体","仿宋","黑体"};
15      char real_text[5][2]={"a","b","c","d","e"};
16      LOGFONT f;
17      srand((unsigned)time(NULL));
18      for(i=0;i<100;i++)
19      {
20          x[i]=rand()%640;
21          y[i]=rand()%480;
22          height[i]=rand()%5;
23          color[i]=rand()%5;
24          face[i]=rand()%3;
25          text[i]=rand()%5;
26      }
27      initgraph(640, 480);
28      for(i=0;i<100;i++)
29      {
30        gettextstyle(&f);
31        f.lfHeight = real_height[height[i]];
32        _tcscpy(f.lfFaceName,_T(real_face[face[i]]));
33        f.lfQuality = ANTIALIASED_QUALITY;
34        f.lfUnderline=1;
35        settextstyle(&f);
36        switch(color[i])
37        {
38            case 0:  setcolor(YELLOW); break;
39            case 1:  setcolor(GREEN); break;
40            case 2:  setcolor(RED); break;
41            case 3:  setcolor(BLUE); break;
42            case 4:  setcolor(WHITE); break;
43            default:break;
44        }
45        outtextxy(x[i],y[i],_T(real_text[text[i]]));
46        Sleep(50);
47      }
48      _getch();
```

```
49 |     closegraph();
50 | }
```

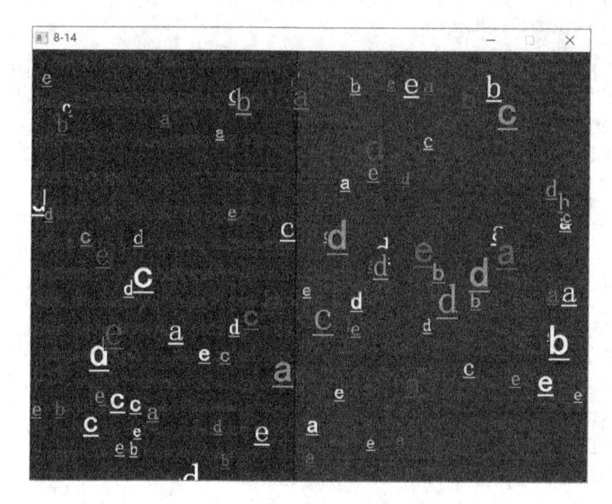

图 9-5　实例 19 运行结果

这种位置随机、文字大小随机、文字颜色随机、字体随机、字符内容随机的实现原理如下：用指针引用字符串，即用随机的指针引用随机的字符串。

1）定义一个整型数组，用于存储不同的字符高度，在稍后的程序段中产生相应的随机数，据此检索到对应的字符高度，以此实现输出随机高度的字符：

```
12 |     int real_height[5]={20,24,28,36,48};
```

2）定义一个二维字符数组，用于存储不同的字符颜色，在稍后的程序段中产生相应的随机数，据此检索到对应的颜色，以此实现输出随机颜色的字符：

```
13 |     char  real_color[6][7]={"GREEN","BLUE","RED","YELLOW","WHITE",
   | "PINK"};
```

3）定义一个二维字符数组，用于存储不同的字体名称，在稍后的程序段中产生相应的随机数，据此检索到对应的字体名称，以此实现输出随机字体的字符：

```
14 |     char real_face[3][10]={"宋体","仿宋","黑体"};
```

4）定义一个二维字符数组，用于存储不同的文字内容，在稍后的程序段中产生相应的随机数，据此进行对应检索，以此实现输出随机文字内容：

```
15 |     char real_text[5][2]={"a","b","c","d","e"};
```

5）使用一个 for 循环，在其循环体中利用 rand()函数不断产生大量随机数，分别用于引用不同的字符高度、颜色、字体名称、文字内容：

```
18 |     for(i=0;i<100;i++)
```

6）语句“_tcscpy(f.lfFaceName,_T(real_face[face[i]]));”中，face[i]是一个 0～2 的随机整数；real_face[face[i]]是二维数组 real_face 中该随机整数所代表的某一行，“某一行”其实是一个指向字符串的指针；_T(real_face[face[i]])则是把 real_face[face[i]]指向的字符串转换为 Unicode，最终_T(real_face[face[i]])作为参数之一调用函数_tcscpy()，即函数调用语句“_tcscpy(f.lfFaceName,_T(real_face[face[i]]));”。

```
32 |     _tcscpy(f.lfFaceName,_T(real_face[face[i]]));
```

想要实现完全随机的字符显示函数，需要借助__________这种数据结构来实现。

程 序 练 习

一、程序填空

1．以下程序的功能是把字符串中的所有字母改写成该字母的下一个字母，最后一个字母z改写成字母a。大写字母仍为大写字母，小写字母仍为小写字母，其他的字符不变。例如，原有的字符串为Mn.123xyZ，调用该函数后，串中的内容为No.123yzA。

```
#include<string.h>
#include<stdio.h>
#include<ctype.h>
#define  N  81
void main()
{  char  a[N],*s;
   printf( "Enter a string: " );
   gets(a);
   printf( "The original string is: " );
   puts(a);
______________;
   while(*s)
   { if(*s=='z') *s='a';
     else if(*s=='Z') *s='A';
     else if(isalpha(*s))______________;
     ________________;
   }
   printf( "The string after modified: ");
   puts(a);
}
```

2．以下mystrlen()函数的功能是计算str所指字符串的长度，并作为函数值返回。

```
#include<stdio.h>
int mystrlen(char *str)
{
   int i;
   for(i=0;____________!='\0';i++);
   return(____________);
}
void main()
{
      char *str="abcdefg";
      printf("%d\n",mystrlen(str));
}
```

二、程序改错

1. 将一个字符串中的大写字母转换成小写字母。例如，输入aSdFG，输出为asdfg。

```
#include<stdio.h>
bool fun(char *c)   //此行有错
{
  if(*c<='Z'&&*c>='A')*c-='A'-'a';
  fun= c;             //此行有错
}
main()
char s[81],*p=s;    //此行有错
  gets(s);
  while(*p)
  {
    *p=fun(p);
    puts(*p);         //此行有错
    p++;
  }
putchar('\n');
}
```

2. 从m个学生的成绩中统计出高于和等于平均分的学生人数，此人数由函数值返回。平均分通过形参传回，输入学生成绩时，用-1结束输入，由程序自动统计学生人数。例如，若输入8名学生的成绩，输入形式如下：

```
80.5 60 72 90.5 98 51.5 88 64 -1
```

结果为：

```
The number of students:4
Ave = 75.56
```

```
#include<conio.h>
#include<stdio.h>
#define N 20
int fun( float *s, int n, float *aver )
{
  float av, t; int count, i;
  count = 0; t=0.0;
  for(i=0;i<n;i++)t+=s[i];
  av=t/n;printf("ave=%f\n",av);
  for(i=0;i<n;i++)
    if(s[i]<av) count++;     //此行有误
  aver = av;                 //此行有误
  return count               //此行有误
}
void main()
{
  float a, s[30], aver;
  int m = 0;
  printf ( "\nPlease enter marks ( -1 to end):\n ");
```

```
   scanf("%f",&a);
   while(a>0)
   {
     s[m]=a;
     m++;
     scanf("%f",&a);
   }
   printf( "\nThe number of students: %d\n" ,fun(s,m,&aver));
   printf("Ave = %6.2f\n",aver);
 }
```

三、程序设计

1. 用指针方法编写一个程序，输入 3 个整数，将它们按由小到大的顺序输出。

2. 用指针方法编写一个程序，输入 3 个字符串，把它们按由小到大的顺序输出。

3. 用指针的方法编程输入一行文字，找出其中的大写字母、小写字母、空格、数字及其他字符的个数。

第 10 章　结构体、共用体和枚举

1）掌握结构体的定义、结构体变量的定义、成员引用、初始化方法。
2）掌握结构体数组的声明方法。
3）理解共用体的含义，掌握共用体的使用。
4）理解枚举类型的定义和使用。

C语言结构体从本质上讲是一种自定义的数据类型，只不过这种数据类型比较复杂，是由 int、char、float 等基本类型组成的。我们可以认为结构体是一种聚合类型。

10.1　结　构　体

在实际问题中，一组数据往往具有不同的数据类型。例如，在学生登记表中，姓名应为字符型，学号可为整型或字符型，年龄应为整型，性别应为字符型，成绩可为整型或实型。显然不能用一个数组来存放这一组数据，因为数组中各元素的类型和长度都必须一致，以便于编译系统处理。为了解决这个问题，C 语言中给出了另一种构造数据类型——结构（structure），或称结构体。它相当于其他高级语言中的记录。

10.1.1　C 语言结构体的定义

结构体是一种构造类型，它是由若干成员组成的。每一个成员可以是一个基本数据类型或者又是一个构造类型。结构体是一种构造而成的数据类型，在声明和使用之前必须先定义，即构造它，如同在声明和调用函数之前要先定义函数一样。

定义一个结构体的一般形式如下：

```
struct 结构体名{
    成员表列
};
```

成员表列由若干个成员组成，每个成员都是该结构体的一个组成部分。对每个成员也必须进行类型声明，其一般形式如下：

```
类型说明符 成员名;
```

成员名的命名应符合标识符的书写规定。例如：

```
struct stu{
    int num;
    char name[20];
    char sex;
    float score;
};
```

在这个结构体定义中，结构体名为 stu，该结构体由 4 个成员组成。第 1 个成员为 num，为整型变量；第 2 个成员为 name，为字符数组；第 3 个成员为 sex，为字符变量；第 4 个成员为 score，为实型变量。应注意，在括号后的分号是不可少的。结构体定义之后，即可进行变量声明。凡声明为结构体 stu 的变量都由上述 4 个成员组成。由此可见，结构体是一种复杂的数据类型，是数目固定、类型不同的若干有序变量的集合。

10.1.2　结构体变量的声明

声明结构体变量有以下 3 种方法。这里以 10.1.1 小节定义的 stu 结构体为例来加以说明。

1）先定义结构体，再声明结构体变量。例如：

```
struct stu{
    int num;
    char name[20];
    char sex;
    float score;
};
struct stu boy1,boy2;
```

声明了两个变量 boy1 和 boy2 为 stu 结构体类型。

2）在定义结构体类型的同时声明结构体变量。例如：

```
struct stu{
    int num;
    char name[20];
    char sex;
    float score;
}boy1,boy2;
```

这种形式的声明的一般形式如下：

```
struct 结构体名{
    成员表列
}变量名表列;
```

3）直接声明结构体变量。例如：

```
struct{
    int num;
    char name[20];
    char sex;
    float score;
}boy1,boy2;
```

这种形式的声明的一般形式如下：

```
struct{
    成员表列
}变量名表列;
```

第 3 种方法与第 2 种方法的区别在于第 3 种方法中省略了结构体名，而直接给出结构体变量。3 种方法中声明的 boy1、boy2 变量都具有图 10-1 所示的结构体。

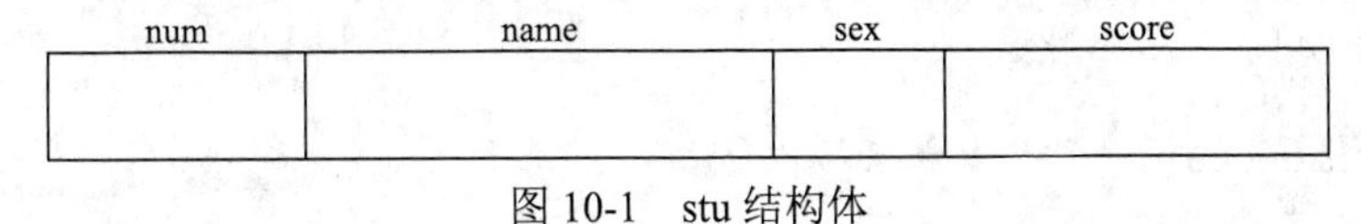

图 10-1　stu 结构体

声明了 boy1、boy2 变量为 stu 类型后，即可向这两个变量中的各个成员赋值。在上述 stu 结构体定义中，所有的成员都是基本数据类型或数组类型。成员也可以又是一个结构体，即构成嵌套的结构体。例如，图 10-2 所示为嵌套的结构体。

num	name	sex	birthday			score
			month	day	year	

图 10-2　嵌套的结构体

可给出以下结构体定义：

```
struct date{
    int month;
    int day;
    int year;
};
struct{
    int num;
    char name[20];
    char sex;
    struct date birthday;
    float score;
}boy1,boy2;
```

首先定义一个结构体 date，由 month（月）、day（日）、year（年）3 个成员组成。在定义并声明变量 boy1 和 boy2 时，其中的成员 birthday 被声明为 data 结构体类型。成员名可与程序中其他变量同名，互不干扰。

10.1.3　结构体变量的赋值与引用

在程序中使用结构体变量时，往往不把它作为一个整体来使用。在 ANSI C 中除了允许具有相同类型的结构体变量相互赋值以外，一般对结构体变量的使用，包括赋值、输入、输出、运算等都是通过结构体变量的成员来实现的。

表示结构体变量成员的一般形式如下：

```
结构体变量名.成员名
```

例如：

```
boy1.num            //第一个人的学号
boy2.sex            //第二个人的性别
```

如果成员本身又是一个结构体，则必须逐级找到最低级的成员才能使用。例如：

```
boy1.birthday.month
```

即第一个人出生的月份成员可以在程序中单独使用，与普通变量完全相同。

结构体变量的赋值就是给各成员赋值，可用输入语句或赋值语句来完成。

例 10-1　给结构体变量赋值并输出其值。

```
#include<stdio.h>
void main()
{
    struct stu{
        int num;
```

```
        char *name;
        char sex;
        float score;
    } boy1,boy2;
    boy1.num=102;
    boy1.name="Zhang ping";
    printf("input sex and score\n");
    scanf("%c%f",&boy1.sex,&boy1.score);
    boy2=boy1;
    printf("Number=%d\nName=%s\n",boy2.num,boy2.name);
    printf("Sex=%c\nScore=%f\n",boy2.sex,boy2.score);
}
```

程序运行结果如下：

```
input sex and score
M89 ↙
Number=102
Name=Zhang ping
Sex=M
Score=89.000000
```

本程序中用赋值语句给 num 和 name 两个成员赋值，name 是一个字符串指针变量。用 scanf()函数动态地输入 sex 和 score 成员值，然后把 boy1 的所有成员的值整体赋予 boy2，最后分别输出 boy2 的各个成员值。本例表示了结构体变量的赋值、输入和输出的方法。

和其他类型变量一样，结构体变量也可以在定义时进行初始化赋值。

例 10-2　对结构体变量初始化。

```
#include<stdio.h>
main()
{
    struct stu{                         //定义结构体
        int num;
        char *name;
        char sex;
        float score;
    }boy2,boy1={102,"Zhang ping",'M',78.5};
    boy2=boy1;
    printf("Number=%d\nName=%s\n",boy2.num,boy2.name);
    printf("Sex=%c\nScore=%f\n",boy2.sex,boy2.score);
}
```

程序运行结果如下：

```
Number=102
Name=Zhang ping
Sex=M
Score=89.000000
```

本例中，boy2、boy1 均被定义为外部结构体变量，并对 boy1 进行了初始化赋值。在 main()函数中，把 boy1 的值整体赋予 boy2，然后用两个 printf()语句输出 boy2 各成员的值。

10.1.4 结构体数组

数组的元素也可以是结构体类型，因此可以构成结构体数组。结构体数组的每一个元素都是具有相同结构体类型的下标结构体变量。在实际应用中，经常用结构体数组来表示具有相同数据结构体的一个群体，如一个班的学生档案、一个车间职工的工资表等。

声明结构体数组的方法和声明结构体变量相似，只需说明它为数组类型即可。例如：

```
struct stu{
    int num;
    char *name;
    char sex;
    float score;
}boy[5];
```

定义了一个结构体数组 boy，共有 5 个元素，即 boy[0]～boy[4]。每个数组元素都具有 struct stu 的结构体形式。对结构体数组可以进行初始化赋值。例如：

```
struct stu{
    int num;
    char *name;
    char sex;
    float score;
}boy[5]={
    {101,"Li ping","M",45},
    {102,"Zhang ping","M",62.5},
    {103,"He fang","F",92.5},
    {104,"Cheng ling","F",87},
    {105,"Wang ming","M",58};
  }
```

当对全部元素进行初始化赋值时，也可不给出数组长度。

思考与练习

1. 定义以下结构体类型“struct s {int a; char b; float f; };”，则语句“printf("%d", sizeof(struct s))”的输出结果为（　　）。

A. 3　　B. 7　　C. 6　　D. 4

2. 当定义一个结构体变量时，系统为它分配的内存空间是（　　）。

A. 结构中一个成员所需的内存容量

B. 结构中第一个成员所需的内存容量

C. 结构体中占内存容量最大者所需的容量

D. 结构中各成员所需内存容量之和

3. 定义以下结构体类型“struct s{ int x; float f; }a[3];”，语句“printf("%d",sizeof(a))”的输出结果为（　　）。

A. 15　　B. 16　　C. 18　　D. 20

4. 定义以下结构体数组“struct c { int x; int y; }s[2]={1,3,2,7};”，语句“printf("%d", s[0].x*s[1].x)”的输出结果为（　　）。

A. 14　　　　B. 6　　　　C. 2　　　　D. 21

5. 定义以下结构体数组"struct date { int year; int month; int day; };struct s { struct date birthday; char name[20]; } x[4]={{2008, 10, 1, "guangzhou"}, {2009, 12, 25, "Tianjin"}};"，语句"printf("%s,%d,%d,%d",x[0].name,x[1].birthday.year);" 的输出结果为（　　）。

A. guangzhou,2009　　　　B. guangzhou,2008

C. Tianjin,2008　　　　D. Tianjin,2009

10.2　实例 20：查询城市天气

查询城市天气程序可预设多个城市的天气情况，每个城市的天气数据包含城市名称、当天的最高温度和最低温度信息。在屏幕上显示城市的名称，可以选择想要查看的城市名字，来了解对应的天气情况。

实例 20 代码如下，运行结果如图 10-3 所示。

```
1    #include<stdio.h>
2    #include<string.h>
3    #include<stdlib.h>
4    int main()
5    {
6        struct weather
7        {
8           char city[12];
9           char max[20];
10          char min[20];
11       };
12       struct weather date[20]={{"长春","10","-5"},{"北京","18","6"},
     {"上海","25","10"},{"三亚","33","10"}};
13       int i;
14       char str[20];
15       printf("可以查询以下城市的天气：\n");
16       for (i = 0; i < 4; i++)
17            printf("%d:%s\n",i,date[i].city);
18        printf("请输入城市的名称：");
19       scanf("%s", str);
20         for (i = 0; i < 4; i++)
21         {
22         if (strcmp(str, date[i].city) == 0)
23          printf("城市名称：%s 最高温度：%s 最低温度：%s\n", date[i].city,
     date[i].max, date[i].min);
24         }
25       system("pause");
26       return 0;
27   }
```

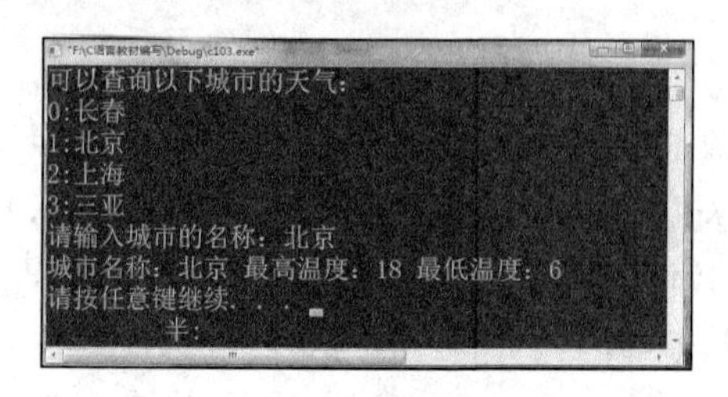

图 10-3　实例 20 运行结果

1）包含所需头文件：

```
1   #include<stdio.h>
2   #include<string.h>
3   #include<stdlib.h>
```

2）初始化变量：

```
6   struct weather                        //定义一个天气结构体
7   {
8      char city[12];                     //城市名称
9      char max[20];                      //最高温度
10     char min[20];                      //最低温度
11  };
12     struct weather date[20]={{"长春","10","-5"},{"北京","18","6"},
    {"上海","25","10"},{"三亚","33","10"}}; //定义一个城市天气信息的数组
13   int i;
14   char str[20];                        //定义一个用来查询城市名称的变量
```

3）显示所有城市的名称和输入要查询的城市名：

```
16   for (i = 0; i < 4; i++)
17      printf("%d:%s \n",i,date[i].city);
```

4）通过字符串比较函数 strcmp()将输入的 str 变量的字符串内容和城市的名称比较，找到对应的城市信息：

```
20  for (i=0;i<4;i++)
21  {
22     if(strcmp(str,date[i].city)==0)  //查询城市名称
23       printf("城市名称：%s 最高温度：%s 最低温度：%s\n", date[i].city,
    date[i].max, date[i].min);
24  }
```

5）执行系统环境中的 pause 命令，冻结屏幕，用户按任意键结束：

```
25  system("pause");
```

思考与练习

编写程序，从键盘输入 n (n<10)个学生的学号（学号为 4 位的整数，从 1000 开始）、成绩并存入结构数组中，查找并输出成绩最高的学生信息。

输入样例：

```
3 (n=3)
1000 85
1001 90
1002 75
```

输出样例：

```
1001 90
```

10.3　共　用　体

10.3.1　共用体的声明

共用体也是一种新的数据类型，它是一种特殊形式的变量。共用体声明和共用体变量定义与结构体十分相似，其一般形式如下：

```
union 共用体名{
    数据类型 成员名;
    数据类型 成员名;
    …
} 共用体变量名;
```

共用体表示几个变量共用一个内存位置，在不同的时间保存不同的数据类型和不同长度的变量。

以下表示声明一个共用体 a_bc：

```
union a_bc{
    int i;
    char mm;
};
```

10.3.2　共用体变量的定义

用已声明的共用体可定义共用体变量。

例如，用 10.3.1 小节声明的共用体定义一个名为 lgc 的共用体变量，可写为

```
union a_bc lgc;
```

在共用体变量 lgc 中，整型量 i 和字符 mm 共用同一内存位置。当一个共用体被声明时，编译程序自动产生一个变量，其长度为共用体中最大的变量长度。

共用体访问其成员的方法与结构体相同。同样，共用体变量也可以定义成数组或指针，但定义为指针时要用“->”符号，此时共用体访问成员可表示为

```
共用体名->成员名
```

另外，共用体可以出现在结构体内，它的成员也可以是结构体。

例如：

```
struct{
    int age;
    char *addr;
    union{
        int i;
        char *ch;
    }x;
}y[10];
```

若要访问结构体变量 y[1]中共用体 x 的成员 i，可以写为

```
y[1].x.i;
```

若要访问结构体变量y[2]中共用体x的字符串指针ch的第一个字符，可以写为

```
*y[2].x.ch;
```

若写为“y[2].x.*ch;”，则是错误的。

思考与练习

1. 若有以下说明和定义语句，则变量w在内存中所占的字节数是（　　）。

```
union aa
 {float x;float y;char c[6];};
struct st {union aa v;float w[5];
double ave;}w;
```

A. 42　　B. 34　　C. 30　　D. 26

2．变量a所占的内存字节数是（　　）。

```
union U
{char st[4]; int i; long l; };
struct A {int c;union u; }a;
```

A. 4　　B. 5　　C. 6　　D. 8

3. 下述程序的执行结果是（　　）。

```
#include<stdio.h>
union un { int i; char c[2]; };
void main() { union un x; x.c[0]=10; x.c[1]=1;  printf("\n%d",x.i); }
```

A. 266　　B. 11　　C. 265　　D. 138

4. 对于以下定义，不正确的叙述是（　　）。

```
union data { int i; char c; float f;}a,b;
```

A. 变量a所占的内存长度等于成员f的长度

B. 变量a的地址和它的各成员地址都是相同的

C. 不能对变量a赋初值

D. 可以在定义的时候对a初始化

5. 当说明一个共用体变量时，系统分配给它的内存是（　　）。

A. 各成员所需要内存量的总和　　B. 共用体中第一个成员所需内存量

C. 成员中占内存量最大者所需的容量　D. 共用体中最后一个成员所需内存量

10.4　实例21：选举问题

班干部选举，首先设定3位候选人的名单，将候选人的名字显示在屏幕上，让5位同学进行投票，显示每位同学的投票信息，然后统计出每个候选人获得的票数，并显示票数最高人的名字。

实例21代码如下，运行结果如图10-4所示。

```
1    #include<stdio.h>
2    #include<string.h>
3    struct toupiao
4    {
5            char name[20];
```

```
6	        int num;
7	}memb[3]={
8	        {"小明",0},
9	        {"小莉",0},
10	        {"小玲",0}
11	};
12	void main()
13	{
14	        int i,max;
15	        char a[20],maxname[20]="";
16	        printf("候选人有:小明，小莉，小玲\n");
17	        for(i=0;i<5;i++)
18	        {
19	                printf("第 %d 位投票，请写下支持的名字\n",i+1);
20	                scanf("%s",&a[0]);
21	                if(strcmp(memb[0].name,a)==0)
22	                        memb[0].num++;
23	                else if (strcmp(memb[1].name,a)==0)
24	                        memb[1].num++;
25	                else if (strcmp(memb[2].name,a)==0)
26	                        memb[2].num++;
27	        }
28	        for(i=0;i<3;i++)
29	        {
30	                printf("%s 同学得票为%d\n",memb[i].name,memb[i].num);
31	        }
32	        max=memb[0].num;
33	        strcpy(maxname.memb[0].name);
34	        for(i=1;i<3;i++)
35	        {
36	                if (memb[i].num>max)
37	                        strcpy(maxname,memb[i].name);
38	        }
39	        printf("本次活动胜利者为%s",maxname);
40	}
```

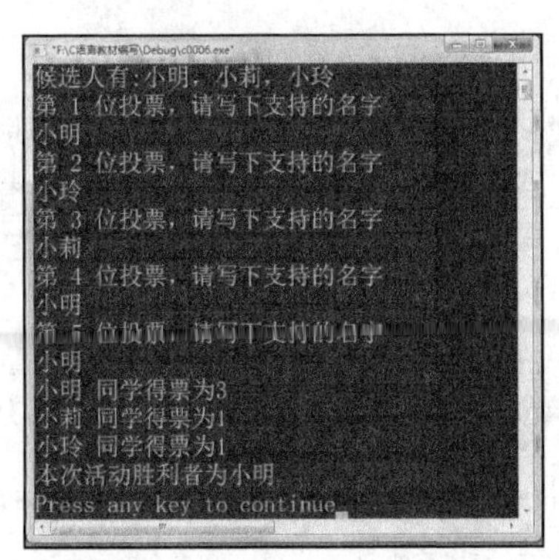

图 10-4　实例 21 运行结果

1）包含所需头文件：

```
1   #include<stdio.h>
2   #include<string.h>
```

2）初始化变量：

```
3   struct toupiao
4   {
5      char name[20];     //候选人名
6      int num;           //候选票数
7   }memb[3]={
8      {"小明",0},         //3 位候选人名单
9      {"小莉",0},
10     {"小玲",0}
11   };
14   int i,max;
15   char a[20],maxname[20]="";      //存放得票最高的候选人名字
```

3）统计每位候选人的得票数，通过字符串比较函数 strcmp()将输入的人名和候选人名逐个对比，来获得每位候选人的票数：

```
17  for(i=0;i<5;i++)                    //统计票数
18  {
19      printf("第 %d 位投票，请写下支持的名字\n",i+1); //输出提示信息
20      scanf("%s",&a[0]);              //输入人名
21      if (strcmp(memb[0].name,a)==0)
22        memb[0].num++;                //记录第 1 位候选人的票数
23      else if (strcmp(memb[1].name,a)==0)
24        memb[1].num++;                //记录第 2 位候选人的票数
25      else if (strcmp(memb[2].name,a)==0)
26        memb[2].num++;                //记录第 3 位候选人的票数
27  }
```

4）显示候选人的名字和得票数：

```
28  for(i=0;i<3;i++)
29  {
30      printf("%s 同学得票为%d\n",memb[i].name,memb[i].num); //显示 3 位
    候选人的名字和得票数
31  }
```

5）求出最高票数的获得者，使用求最大值方法：

```
32  max=memb[0].num;                  //将第一个人的票数放到票数最大值变量里
33  strcpy(maxname.memb[0].name); //将第一个人的名字通过 strcpy()函数放入
                                  //票数最高的人名变量里
34  for(i=1;i<3;i++)
35  {
36     if(memb[i].num>max)                  //找到最高票数
37        strcpy(maxname,memb[i].name); //将对应的人名放入 maxname 中
38  }
39  printf("本次活动胜利者为%s",maxname); //显示最高得票者
```

思考与练习

1. 输入两个学生的学号、姓名与成绩，输出成绩较高学生的学号、姓名与成绩。

2. 把一个学生的信息（包括学号、姓名、性别、住址）放在一个结构体变量中，然后输出这个学生的信息。

10.5　枚　　举

在实际问题中，有些变量的取值被限定在一个有限的范围内。例如，一个星期只有 7 天，一年只有 12 个月，一个班每周有 6 门课程等。如果把这些量声明为整型、字符型或其他类型显然是不妥当的。为此，C 语言提供了一种称为枚举的类型。在枚举类型的定义中列举出所有可能的取值，被声明为该枚举类型的变量取值不能超过定义的范围。

应该说明的是，枚举类型是一种基本数据类型，而不是一种构造类型，因为它不能再分解为任何基本类型。

10.5.1　枚举的定义与枚举变量的声明

枚举类型定义的一般形式如下：

```
enum  枚举名{ 枚举值表 };
```

在枚举值表中应罗列出所有可用值，这些值也称为枚举元素。

例如，枚举名为 weekday，枚举值共有 7 个，即一周中的 7 天。凡被声明为 weekday 类型变量的取值只能是 7 天中的某一天。

如同结构体和共用体一样，枚举变量也可用不同的方式声明，即先定义后声明、同时定义声明或直接声明。设有变量 a、b、c 被声明为上述的 weekday，可采用下述任一种方式：

```
enum weekday{ sun,mon,tue,wed,thu,fri,sat };
enum weekday a,b,c;
```

或者

```
enum weekday{ sun,mon,tue,wed,thu,fri,sat }a,b,c;
```

或者

```
enum { sun,mon,tue,wed,thu,fri,sat }a,b,c;
```

10.5.2　枚举变量的赋值和使用

枚举类型在使用中有以下规定：

1）枚举值是常量，不是变量，不能在程序中用赋值语句再对它赋值。例如，对枚举 weekday 的元素再作以下赋值：

```
sun=5;
mon=2;
sun=mon;
```

都是错误的。

2）枚举元素本身由系统定义了一个表示序号的数值，从 0 开始顺序定义为 0，1，

2……。例如，在 weekday 中，sun 值为 0，mon 值为 1……sat 值为 6。

例 10-3 枚举型举例。

```
#include<stdio.h>
main(){
    enum weekday{
        sun,mon,tue,wed,thu,fri,sat
    } a,b,c;
    a=sun;
    b=mon;
    c=tue;
    printf("%d,%d,%d",a,b,c);
}
```

说明：只能把枚举值赋予枚举变量，不能把元素的数值直接赋予枚举变量。例如：

```
a=sum;
b=mon;
```

是正确的，而

```
a=0;
b=1;
```

是错误的。如一定要把数值赋予枚举变量，则必须用强制类型转换。例如：

```
a=(enum weekday)2;
```

其意义是将顺序号为 2 的枚举元素赋予枚举变量 a，相当于

```
a=tue;
```

还应该说明的是，枚举元素既不是字符常量也不是字符串常量，使用时不要加单、双引号。

思考与练习

1. 对于下列定义的枚举型 enum color1{yellow,green,blue = 7,red,brown};，则枚举常量 yellow 和 red 的值分别是（　　）。

A. 3，8　　B. 1，8　　C. 0，8　　D. 0，3

2. 下面程序的输出是（　　）。

```
main() { enum team { my,your=4,his,her=his+10}; printf("%d%d%d%d\n",my,
your,his,her); }
```

A. 0 1 2 3　　B. 0 4 0 10　　C. 0 4 5 15　　D. 1 0 2 0

3. 以下对枚举类型名的定义中正确的是（　　）。

A. enum a={one,two,three};

B. enum a {one=9,two=-1,three};

C. enum a={"one","two","three"};

D. enum a {"one","two","three"};

4. enum a {sum=9,mon=-1,tue};定义了（　　）。

A. 枚举变量　　B. 3 个标识符

C. 枚举数据类型　　D. 整数 9 和-1

5. 有枚举类型如下：enum s {x1,x2=5,x3,x4=10};，则枚举变量 x 可取的枚举元素 x2、

x3 所对应的整数常量值是（　　）。

A. 1，2　　　B. 2，3　　　C. 5，2　　　D. 5，6

10.6　实例 22：选择颜色

在屏幕上列出可以选择的 5 种颜色，分别是红、黄、绿、蓝、黑，用户通过选择对应的数字来代表自己选择的颜色，如果输入数字 0，表示结束，不再进行选择。

实例 22 代码如下，运行结果如图 10-5 所示。

```
1   #include<stdio.h>
2   enum color{red,yellow,green,blue,black};
3   int main()
4   {
5       int user_color;
6       printf("输入数字选择颜色：(1:红色，2：黄色，3：绿色，4：蓝色，5：黑色)");
7       while(1)
8       {
9          printf("\n 请输入颜色:");
10         scanf("%d",&user_color);
11         if (user_color==0)           //输入 0 退出
12           break;
13         switch(user_color-1)
14         {
15           case red: printf("\n 你输入的是红色\n"); break;
16           case yellow: printf("\n 你输入的是黄色\n"); break;
17           case green: printf("\n 你输入的是绿色\n"); break;
18           case blue: printf("\n 你输入的是蓝色\n"); break;
19           case black: printf("\n 你输入的是黑色\n"); break;
20         }
21      }
22      return 0;}
```

图 10-5　实例 22 运行结果

1）初始化变量：

```
2   enum color{red,yellow,green,blue,black};   //用枚举类型定义 5 种颜色
5    int user_color;                     //定义整型变量，用来存放用户输入的数字
```

2）多次进行颜色选择，当输入数字 0 时结束程序：

```
7    while(1)                       //循环条件一直成立
11    if (user_color==0)            //输入 0 结束循环
12      break;                      //结束循环
```

3）枚举元素本身由系统定义了一个表示序号的数值，从 0 开始顺序定义为 0，1，2……通过输入的数字和枚举变量各元素进行配对，找出选择的内容。

```
13   switch(user_color-1)
14   {
15      case red: printf("\n 你输入的是红色\n"); break;   //red 等价于数字 0
16      case yellow: printf("\n 你输入的是黄色\n"); break;
17      case green: printf("\n 你输入的是绿色\n"); break;
18      case blue: printf("\n 你输入的是蓝色\n"); break;
19      case black: printf("\n 你输入的是黑色\n"); break;
20   }
```

思考与练习

编程：输入两个时刻，定义一个时间结构体类型（包括时、分、秒），计算两个时刻之间的时间差。

10.7　C 语言类型定义符

C 语言不仅提供了丰富的数据类型，而且允许用户自定义类型说明符，即允许用户为数据类型取“别名”。类型定义符 typedef 即可用来完成此功能。例如，有整型变量 a、b，其声明如下：

```
int a,b;
```

其中，int 是整型变量的类型说明符。int 的完整写法为 integer，为了增加程序的可读性，可把整型说明符用 typedef 定义为

```
typedef int INTEGER
```

以后即可用 INTEGER 来代替 int 作整型变量的类型说明。例如：

```
INTEGER a,b;
```

等效于

```
int a,b;
```

用 typedef 定义数组、指针、结构体等类型将带来很大的方便，不仅使程序书写简单，而且使其意义更为明确，因而增强了可读性。例如：

```
typedef char NAME[20];
```

表示 NAME 是字符数组类型，数组长度为 20。然后可用 NAME 声明变量，如：

```
NAME a1,a2,s1,s2;
```

完全等效于

```
char a1[20],a2[20],s1[20],s2[20]
```

又如：

```
typedef struct stu{
    char name[20];
    int age;
```

```
    char sex;
} STU;
```

定义 STU 表示 stu 的结构体类型，然后可用 STU 来声明结构体变量：

```
STU body1,body2;
```

typedef 定义的一般形式如下：

```
typedef 原类型名　新类型名
```

其中原类型名中含有定义部分，新类型名一般用大写字母表示，以便于区别。

有时也可用宏定义来代替 typedef 的功能，但是宏定义是由预处理完成的，而 typedef 则是在编译时完成的，后者更为灵活方便。

思考与练习

1. C 语言中，下列有关 typedef 的叙述不正确的是（　　）。
   A. 用 typedef 可以定义各种类型名，但不能用来定义变量
   B. typedef 和#define 都是在预编译时处理的
   C. 用 typedef 只是将已存在的类型用一个新的标识符来代表
   D. 使用 typedef 有利于程序的通用和移植程序练习
2. 以下叙述中错误的是（　　）。
   A. 可以通过 typedef 增强新的类型
   B. 可以用 typedef 将已存在的类型用一个新的名字来代表
   C. 用 typedef 定义新的类型名后，原有类型仍有效
   D. 用 typedef 可以为各种类型起别名，但不能为变量起别名
3. 以下程序的输出结果是（　　）。

```
#include<stdio.h>
typedef union {
   long x[2];
   int y[4];
   char z[8];
} MYTYPE;
MYTYPE them;
main()
{ printf("%d\n",sizeof(them));
}
```

   A. 32　　B. 16　　C. 8　　D. 24

程 序 练 习

一、程序填空

1. 建立一个学生通讯录，包含 3 个学生的记录，然后将其输出。

要求：学生通讯录利用结构体数组进行存放，包含姓名和电话号码两个成员。学生记录从键盘输入。

```
#include<stdio.h>
```

```
#define NUM 3
struct tongxunlu
{
    char name[20];
    char phone[10];
};
void main()
{
    struct tongxunlu tx[NUM];
    int i;
    for(i=0;i<NUM;i++)
    {
       printf("input name:\n");
       ________________
       printf("input phone:\n");
       _________________
     }
    printf("name\t\t\tphone\n\n");
    for(i=0;i<NUM;i++)
       printf("%s\t\t\t%s\n", ________________________);

}
```

2. 编写程序，输入10个学生的学号、姓名和考试成绩，输出最高分和最低分的学生记录。

```
#include<stdio.h>
struct  student
{
    int num;
    char name[20];
    int score;
};
void main()
{
    int i;
    struct student st[10],stmax,stmin;
    for(i=0;i<=9;i++)
       scanf("%d%s%d", __________________________________ );
    stmax.score=st[0].score;
    stmin.score=st[0].score;
    for(________________)
    {
       if(st[i].score>stmax.score)_______________;
       if(st[i].score<stmin.score)________________;
    }
    printf("最高分的学生记录：学号:%5d 姓名:%8s 分数:%5d\n", ______________);
    printf("最低分的学生记录：学号:%5d 姓名:%8s 分数:%5d\n", ______________);
}
```

二、程序改错

```
#include<stdio.h>
typedef struct
{
    int no;
    char *name;
    char sex;
    float score;
}STUD
union u
{
    int i;
    char *p;
    float f;
    double d;
    stud s;
};
void main()
{
    printf("%d,%d\n",sizeof(STUD),sizeof(union u));
}
```

三、程序设计

1. 编写程序，输入今天是星期几，计算100天后是星期几。

2. 人民币整存整取的存款利率为（%）：三个月3.10，半年3.30，一年3.50，二年4.40，三年5.00，五年5.50 。输入存款金额和年份，计算本息总计。

提示：利息的计算公式如下。

利息=本金×年利率（百分数）×存期

本息合计=本金+利息

3. 定义一个表示日期（年、月、日）的结构，输入一个日期，计算并输出该天是本年中的第几天。例如，2011年3月10日是这一年的第69天。

提示：

1）判断输入的年份是否为闰年，若是闰年，则2月为29天，要比平年多1天。

2）所求的天数应为当前输入月份之前的所有月份天数之和再加上输入的日期。

4. 有10个学生，每个学生的数据包括学号、姓名及3门课的成绩，从键盘输入10个学生数据，要求输出3门课的总平均成绩，以及最高分的学生的数据。

第 11 章　文 件 操 作

学习目标

1）了解文件的概念及分类。
2）掌握文件的打开与关闭。
3）掌握文件的读/写方法。
4）掌握文件的定位方法。

数据的输入和输出几乎伴随着每个 C 语言程序，所谓输入就是从“源端”获取数据，所谓输出可以理解为向“终端”写入数据。这里的源端可以是键盘、鼠标、硬盘、光盘、扫描仪等输入设备，终端可以是显示器、硬盘、打印机等输出设备。在 C 语言中，把这些输入和输出设备也看作“文件”。

11.1　C 语言文件概述

文件是指一组相关数据的有序集合。这个数据集有一个名称，称为文件名。实际上在前面的各章中已经多次使用了文件，如源程序文件、目标文件、可执行文件、库文件（头文件）等。

11.1.1　文件的分类

文件通常是驻留在外部介质（如磁盘等）上的，在使用时才调入内存中。从不同的角度可对文件进行不同的分类。

1）从用户的角度看，文件可分为普通文件和设备文件两种。

普通文件是指驻留在磁盘或其他外部介质上的一个有序数据集，可以是源程序文件、目标文件、可执行程序；也可以是一组待输入处理的原始数据，或者是一组输出的结果。源程序文件、目标文件、可执行文件可以称为程序文件，而输入/输出数据可称为数据文件。

设备文件是指与主机相联的各种外部设备，如显示器、打印机、键盘等。在操作系统中，把外部设备也看作一个文件来进行管理，把它们的输入/输出等同于对磁盘文件的读/写。

通常把显示器定义为标准输出文件，一般情况下在屏幕上显示有关信息就是向标准输出文件输出。例如，前面经常使用的 printf()、putchar()函数就是这类输出。

键盘通常被指定为标准的输入文件，从键盘上输入就意味着从标准输入文件上输入数据。例如，scanf()、getchar()函数就属于这类输入。

2）从文件编码方式的角度看，文件可分为ASCII码文件和二进制码文件两种。

ASCII码文件也称为文本文件，这种文件在磁盘中存放时每个字符对应一个字节，用于存放对应的ASCII码。

ASCII码文件可在屏幕上按字符显示，如源程序文件就是ASCII码文件，用DOS命令TYPE可显示文件的内容。由于其是按字符显示，因此能读懂文件内容。

二进制码文件是按二进制的编码方式来存放数据的文件。例如，数5678的存储形式为00010110 00101110，只占2字节。二进制文件虽然也可在屏幕上显示，但其内容无法读懂。C语言系统在处理这些文件时并不区分类型，都将其看成字符流，按字节进行处理。输入/输出字符流的开始和结束只由程序控制而不受物理符号（如回车符）的控制，因此也把这种文件称为流式文件。

本章介绍流式文件的打开、关闭、读、写、定位等各种操作。

11.1.2 文件指针

在C语言中用一个指针变量指向一个文件，该指针称为文件指针。通过文件指针就可对它所指向的文件进行各种操作。

定义文件指针的一般形式如下：

```
FILE  *指针变量标识符;
```

其中，FILE应为大写，它实际上是由系统定义的一个结构，该结构中含有文件名、文件状态和文件当前位置等信息。在编写源程序时不必关心FILE结构的细节。例如：

```
FILE  *fp;
```

fp是指向FILE结构的指针变量，通过fp即可找到存放某个文件信息的结构变量，然后按结构变量提供的信息找到该文件，实施对文件的操作。习惯上也笼统地把fp称为指向一个文件的指针。

思考与练习

1. 什么是文件？C语言的文件有什么特点？
2. 下列关于C语言数据文件的叙述中，正确的是（　　）。
   A. 文件由ASCII码字符序列组成，C语言只能读/写文本文件
   B. 文件由二进制数据序列组成，C语言只能读/写二进制文件
   C. 文件由记录序列组成，可按数据的存放形式分为二进制文件和文本文件
   D. 文件由数据流形式组成，可按数据的存放形式分为二进制文件和文本文件
3. C语言中，能识别处理的文件为（　　）。
   A．文本文件和数据块文件
   B．文本文件和二进制文件
   C．流文件和文本文件
   D．数据文件和二进制文件
4. 关于文件的理解，不正确的是（　　）。
   A．C语言把文件看作字节的序列，即由一个个字节的数据顺序组成

B. 所谓文件，一般指存储在外部介质上数据的集合

C. 系统自动地在内存区为每一个正在使用的文件开辟一个缓冲区

D. 每个打开文件都和文件结构体变量相关联，程序通过该变量访问该文件

5. 关于二进制文件和文本文件的描述，正确的是（　　）。

A. 文本文件把每一个字节存放成一个 ASCII 码的形式，只能存放字符或字符串数据

B. 二进制文件把内存中的数据按其在内存中的存储形式原样输出到磁盘上存放

C. 二进制文件可以节省外存空间和转换时间，不能存放字符形式的数据

D. 一般中间结果数据需要暂时保存在外存上，以后又需要输入内存的，常用文本文件保存

11.2　文件的操作

11.2.1　文件的打开与关闭

文件在进行读/写操作之前要先打开，使用完毕要关闭。打开文件实际上就是建立文件的各种有关信息，并使文件指针指向该文件，以便进行其他操作；关闭文件则是断开指针与文件之间的联系，禁止再对该文件进行操作。

在 C 语言中，文件操作都是由库函数来完成的。下面介绍主要的文件操作函数。

1. 文件打开函数——fopen()函数

fopen()函数用来打开一个文件，其调用的一般形式如下：

```
文件指针名 = fopen( 文件名, 使用文件方式 );
```

其中：

1）文件指针名必须是被声明为 FILE 类型的指针变量。

2）文件名是被打开文件的文件名，是字符串常量或字符串数组。

3）使用文件方式是指文件的类型和操作要求。

例如：

```
FILE *fp;
fp=("file a","r");
```

其意义是在当前目录下打开文件 file a，只允许进行读操作，并使 fp 指向该文件。

又如：

```
FILE *fphzk;
fphzk=("c:\\hzk16","rb");
```

其意义是打开 C 驱动器磁盘的根目录下的文件 hzk16，这是一个二进制文件，只允许按二进制方式进行读操作。两个反斜线“\\”中的第一个表示转义字符，第二个表示根目录。

使用文件的方式共有 12 种，其符号和意义如表 11-1 所示。

表 11-1 使用文件的方式的符号和意义

符号	意义
rt	只读打开一个文本文件，只允许读数据
wt	只写打开或建立一个文本文件，只允许写数据
at	追加打开一个文本文件，并在文件末尾写数据
rb	只读打开一个二进制文件，只允许读数据
wb	只写打开或建立一个二进制文件，只允许写数据
ab	追加打开一个二进制文件，并在文件末尾写数据
rt+	读写打开一个文本文件，允许读和写
wt+	读写打开或建立一个文本文件，允许读和写
at+	读写打开一个文本文件，允许读，或在文件末尾追加数据
rb+	读写打开一个二进制文件，允许读和写
wb+	读写打开或建立一个二进制文件，允许读和写
ab+	读写打开一个二进制文件，允许读，或在文件末尾追加数据

对于文件使用方式有以下几点说明：

1）文件使用方式由 r、w、a、t、b 和+这 6 个字符拼成，各字符的含义如下：

- r(read)：读。
- w(write)：写。
- a(append)：追加。
- t(text)：文本文件，可省略不写。
- b(banary)：二进制文件。
- +：读和写。

2）凡用 r 打开一个文件时，该文件必须已经存在，且只能从该文件读出。

3）只能向用 w 打开的文件写入。若打开的文件不存在，则以指定的文件名建立该文件；若打开的文件已经存在，则将该文件删除，重建一个新文件。

4）若要向一个已存在的文件追加新的信息，只能用 a 方式打开文件，但此时该文件必须是存在的，否则将会出错。

5）在打开一个文件时如果出错，fopen()函数将返回一个空指针值 NULL。在程序中可以用这一信息来判别是否完成打开文件的工作，并进行相应的处理。因此，常用以下程序段打开文件：

```
if(fp=fopen("c:\\hzk16","rb")==NULL){
    printf("\nerror on open c:\\hzk16 file!");
    getch();
    exit(1);
}
```

这段程序的意义是，如果返回的指针为空，表示不能打开 C 盘根目录下的 hzk16 文件，则给出提示信息“error on open c:\ hzk16 file!”。下一行 getch()函数的功能是从键盘输入一个字符，但不在屏幕上显示。在这里，该行的作用是等待，只有当用户按任一键盘按键时，程序才继续执行，因此用户可利用这个等待时间阅读出错提示，按键后执行 exit(1)退出程序。

6）把一个文本文件读入内存时，要将 ASCII 码转换成二进制码；而把文件以文本方式写入磁盘时，也要把二进制码转换成 ASCII 码，因此文本文件的读/写要花费较多的转换时间。对二进制文件的读/写不存在这种转换。

7）标准输入文件（键盘）、标准输出文件（显示器）、标准出错输出（出错信息）是由系统打开的，可直接使用。

2. 文件关闭函数——fclose()函数

文件一旦使用完毕，应用文件关闭函数把文件关闭，以避免文件的数据丢失等错误。

fclose()函数调用的一般形式如下：

```
fclose(文件指针);
```

例如：

```
fclose(fp);
```

正常完成关闭文件操作时，fclose()函数返回值为 0；如返回非零值，则表示有错误发生。

11.2.2 文件的读/写

对文件的读和写是常用的文件操作。在 C 语言中提供了多种文件读/写函数，下面分别予以介绍。使用以下函数都要求包含头文件 stdio.h。

1. 字符读/写函数 fgetc()和 fputc()

字符读/写函数是以字符（字节）为单位的读/写函数，每次可从文件读出或向文件写入一个字符。

（1）读字符函数 fgetc()

fgetc()函数的功能是从指定的文件中读一个字符，函数调用的一般形式如下：

```
字符变量=fgetc(文件指针);
```

例如：

```
ch=fgetc(fp);
```

其意义是从打开的文件 fp 中读取一个字符并送入 ch 中。

对于 fgetc()函数的使用有以下几点说明：

1）在 fgetc()函数调用中，读取的文件必须是以读或读写方式打开的。

2）读取字符的结果也可以不向字符变量赋值，如“fgetc(fp);”，但是读出的字符不能保存。

3）在文件内部有一个位置指针，用来指向文件的当前读写字节。在文件打开时，该指针总是指向文件的第一个字节。使用 fgetc()函数后，该位置指针将向后移动一个字节。因此，可连续多次使用 fgetc()函数，以读取多个字符。应注意，文件指针和文件内部的位置指针是有区别的，文件指针是指向整个文件的，必须在程序中定义声明，只要不重新赋值，文件指针的值是不变的；文件内部的位置指针用以指示文件内部的当前读/

写位置，每读/写一次，该指针均向后移动，它不需在程序中定义声明，而是由系统自动设置的。

例 11-1 读入文件 c1.doc，在屏幕上输出。

```
#include<stdio.h>
main(){
    FILE *fp;
    char ch;
    if((fp=fopen("d:\\jrzh\\example\\c1.doc","rt"))==NULL){
        printf("\nCannot open file strike any key exit!");
        getch();
        exit(1);
    }
    ch=fgetc(fp);
    while(ch!=EOF){
        putchar(ch);
        ch=fgetc(fp);
    }
    fclose(fp);
}
```

本例程序的功能是从文件中逐个读取字符，在屏幕上输出。程序定义了文件指针 fp，以读文本文件方式打开文件“d:\\jrzh\\example\\c1.doc”，并使 fp 指向该文件。如打开文件出错，给出提示并退出程序。程序第 10 行先读出一个字符，然后进入循环，只要读出的字符不是文件结束标志（每个文件末尾有一个结束标志 EOF），就把该字符显示在屏幕上，再读入下一个字符。每读一次，文件内部的位置指针向后移动一个字符，文件结束时，该指针指向 EOF。执行本程序将显示整个文件。

（2）写字符函数 fputc()

fputc()函数的功能是把一个字符写入指定的文件中。函数调用的一般形式如下：

```
fputc( 字符量, 文件指针 );
```

其中，待写入的字符量可以是字符常量或变量，例如：

```
fputc('a',fp);
```

其意义是把字符 a 写入 fp 指向的文件中。

对于 fputc()函数的使用也有以下几点说明：

1）被写入的文件可以用写、读写、追加方式打开，用写或读写方式打开一个已存在的文件时将清除原有的文件内容，写入字符从文件首开始。如需保留原有文件内容，希望写入的字符从文件末尾开始存放，那么必须以追加方式打开文件。被写入的文件若不存在，则创建该文件。

2）每写入一个字符，文件内部位置指针向后移动一个字节。

3）fputc()函数有一个返回值，如写入成功则返回写入的字符，否则返回 EOF。可用此来判断写入是否成功。

例 11-2 从键盘输入一行字符，写入一个文件，再把该文件内容读出显示在屏幕上。

```
#include<stdio.h>
main(){
    FILE *fp;
```

```
    char ch;
    if((fp=fopen("d:\\jrzh\\example\\string","wt+"))==NULL){
        printf("Cannot open file strike any key exit!");
        getch();
        exit(1);
    }
    printf("input a string:\n");
    ch=getchar();
    while(ch!='\n'){
        fputc(ch,fp);
        ch=getchar();
    }
    rewind(fp);
    ch=fgetc(fp);
    while(ch!=EOF){
        putchar(ch);
        ch=fgetc(fp);
    }
    printf("\n");
    fclose(fp);
}
```

程序第 5 行以读写文本文件方式打开文件 string。第 11 行从键盘读入一个字符后进入循环，当读入字符不为回车符时，则把该字符写入文件中，然后继续从键盘读入下一字符。每输入一个字符，文件内部位置指针向后移动一个字节。写入完毕，该指针已指向文件末尾。如要把文件从头读出，必须把指针移向文件头，程序第 16 行 rewind()函数即用于把 fp 所指文件的内部位置指针移到文件头。第 17～21 行用于读出文件中的一行内容。

例 11-3 把命令行参数中的前一个文件名标识的文件复制到后一个文件名标识的文件中。如命令行中只有一个文件名，则把该文件写到标准输出文件（显示器）中。

```
#include<stdio.h>
main(int argc,char *argv[]){
    FILE *fp1,*fp2;
    char ch;
    if(argc==1){
        printf("have not enter file name strike any key exit");
        getch();
        exit(0);
    }
    if((fp1=fopen(argv[1],"rt"))==NULL){
        printf("Cannot open %s\n",argv[1]);
        getch();
        exit(1);
    }
    if(argc==2) fp2=stdout;
    else if((fp2=fopen(argv[2],"wt+"))==NULL){
        printf("Cannot open %s\n",argv[1]);
        getch();
```

```
        exit(1);
    }
    while((ch=fgetc(fp1))!=EOF)
        fputc(ch,fp2);
    fclose(fp1);
    fclose(fp2);
}
```

本程序为带参数的 main()函数。程序中定义了两个文件指针 fp1 和 fp2，分别指向命令行参数中给出的文件。如果命令行参数中没有给出文件名，则给出提示信息。程序第 15 行表示如果只给出一个文件名，则使 fp2 指向标准输出文件（显示器）。第 21～24 行用循环语句逐个读出文件 fp1 中的字符再送到文件 fp2 中。再次运行时，给出了一个文件名，故输出给标准输出文件 stdout，即在显示器上显示文件内容。第 3 次运行给出了两个文件名，因此把 string 中的内容读出，写入 OK 之中。可用 DOS 命令 type 显示 OK 的内容。

2. 字符串读/写函数 fgets()和 fputs()

（1）读字符串函数 fgets()

fgets()函数的功能是从指定的文件中读一个字符串到字符数组中，函数调用的一般形式如下：

```
fgets(字符数组名,n,文件指针);
```

其中，n 是一个正整数，表示从文件中读出的字符串不超过 n-1 个字符。在读入的最后一个字符后加上串结束标志'\0'。例如：

```
fgets(str,n,fp);
```

其意义是从 fp 所指的文件中读出 n-1 个字符送入字符数组 str 中。

例 11-4 从 string 文件中读入一个含 10 个字符的字符串。

```
#include<stdio.h>
main(){
    FILE *fp;
    char str[11];
    if((fp=fopen("d:\\jrzh\\example\\string","rt"))==NULL){
        printf("\nCannot open file strike any key exit!");
        getch();
        exit(1);
    }
    fgets(str,11,fp);
    printf("\n%s\n",str);
    fclose(fp);
}
```

本例定义了一个字符数组 str，共 11 字节。在以读文本文件方式打开文件 string 后，从中读出 10 个字符送入 str 数组，在数组最后一个单元内将加上'\0'，然后在屏幕上输出 str 数组。输出的 10 个字符正是例 11-1 程序的前 10 个字符。

对 fgets()函数有两点说明：

1）在读出 n-1 个字符之前，如遇到了换行符或 EOF，则读出结束。

2）fgets()函数也有返回值，其返回值是字符数组的首地址。

（2）写字符串函数 fputs()

fputs()函数的功能是向指定的文件写入一个字符串，其调用的一般形式如下：

```
fputs(字符串,文件指针);
```

其中，字符串可以是字符串常量，也可以是字符数组名或指针变量。例如：

```
fputs("abcd",fp);
```

其意义是把字符串"abcd"写入 fp 所指的文件之中。

例 11-5 在例 11-2 中建立的文件 string 中追加一个字符串。

```
#include<stdio.h>
main(){
    FILE *fp;
    char ch,st[20];
    if((fp=fopen("string","at+"))==NULL){
        printf("Cannot open file strike any key exit!");
        getch();
        exit(1);
    }
    printf("input a string:\n");
    scanf("%s",st);
    fputs(st,fp);
    rewind(fp);
    ch=fgetc(fp);
    while(ch!=EOF){
        putchar(ch);
        ch=fgetc(fp);
    }
    printf("\n");
    fclose(fp);
}
```

本例要求在 string 文件末尾追加字符串，因此在程序第 5 行以追加读写文本文件的方式打开文件 string，然后输入字符串，并用 fputs()函数把该串写入文件 string 中。在第 13 行用 rewind()函数把文件内部位置指针移到文件首，再进入循环，逐个显示当前文件中的全部内容。

3. 数据块读/写函数 fread()和 fwrite()

C 语言还提供了用于整块数据的读/写函数，可用来读/写一组数据，如一个数组元素、一个结构变量的值等。

读数据块函数 fread()调用的一般形式如下：

```
fread(buffer,size,count,fp);
```

写数据块函数 fwrite()调用的一般形式如下：

```
fwrite(buffer,size,count,fp);
```

其中：

1）buffer：一个指针，在 fread()函数中表示存放输入数据的首地址，在 fwrite()函数中表示存放输出数据的首地址。

2）size：数据块的字节数。

3）count：要读/写的数据块块数。

4）fp：文件指针。

例如：

```
fread(fa,4,5,fp);
```

其意义是从 fp 所指的文件中每次读 4 字节（一个实数）送入实数组 fa 中，连续读 5 次，即读 5 个实数到 fa 中。

例 11-6 从键盘输入两个学生数据，写入一个文件中，再读出这两个学生的数据并显示在屏幕上。

```
#include<stdio.h>
struct stu{
   char name[10];
   int num;
   int age;
   char addr[15];
}boya[2],boyb[2],*pp,*qq;
main(){
   FILE *fp;
   char ch;
   int i;
   pp=boya;
   qq=boyb;
   if((fp=fopen("d:\\jrzh\\example\\stu_list","wb+"))==NULL){
      printf("Cannot open file strike any key exit!");
      getch();
      exit(1);
   }
   printf("\ninput data\n");
   for(i=0;i<2;i++,pp++)
      scanf("%s%d%d%s",pp->name,&pp->num,&pp->age,pp->addr);
   pp=boya;
   fwrite(pp,sizeof(struct stu),2,fp);
   rewind(fp);
   fread(qq,sizeof(struct stu),2,fp);
   printf("\n\nname\tnumber age addr\n");
   for(i=0;i<2;i++,qq++)
      printf("%s\t%5d%7d %s\n",qq->name,qq->num,qq->age,qq->addr);
   fclose(fp);
}
```

本例程序定义了一个结构体 stu，声明了两个结构数组 boya 和 boyb 及两个结构指针变量 pp 和 qq，pp 指向 boya，qq 指向 boyb。程序第 14 行以读写方式打开二进制文件 stu_list，输入两个学生数据之后写入该文件中，然后把文件内部位置指针移到文件首，读出两个学生的数据后在屏幕上显示。

4. 格式化读/写函数 fscanf()和 fprintf()

fscanf()函数和 fprintf()函数与 scanf()和 printf()函数的功能相似，都是格式化读/写函数。两者的区别在于 fscanf()函数和 fprintf()函数的读/写对象不是键盘和显示器，而是磁盘文件。

这两个函数的调用的一般形式如下：

```
fscanf(文件指针,格式字符串,输入表列);
fprintf(文件指针,格式字符串,输出表列);
```

例如：

```
fscanf(fp,"%d%s",&i,s);
fprintf(fp,"%d%c",j,ch);
```

用 fscanf()和 fprintf()函数也可以实现例 11-6。修改后的程序如例 11-7 所示。

例 11-7 用 fscanf()和 fprintf()函数实现例 11-6。

```
#include<stdio.h>
struct stu
{
  char name[10];
  int num;
  int age;
  char addr[15];
}boya[2],boyb[2],*pp,*qq;
main(){
    FILE *fp;
    char ch;
    int i;
    pp=boya;
    qq=boyb;
    if((fp=fopen("stu_list","wb+"))==NULL){
        printf("Cannot open file strike any key exit!");
        getch();
        exit(1);
    }
    printf("\ninput data\n");
    for(i=0;i<2;i++,pp++)
        scanf("%s%d%d%s",pp->name,&pp->num,&pp->age,pp->addr);
    pp=boya;
    for(i=0;i<2;i++,pp++)
        fprintf(fp,"%s %d %d %s\n",pp->name,pp->num,pp->age,pp->addr);
    rewind(fp);
    for(i=0;i<2;i++,qq++)
        fscanf(fp,"%s %d %d %s\n",qq->name,&qq->num,&qq->age,qq->addr);
    printf("\n\nname\tnumber age addr\n");
    qq=boyb;
    for(i=0;i<2;i++,qq++)
        printf("%s\t%5d  %7d  %s\n",qq->name,qq->num, qq->age,qq->addr);
    fclose(fp);
}
```

与例 11-6 相比，本程序中 fscanf()函数和 fprintf()函数每次只能读/写一个结构数组元素，因此采用了循环语句来读/写全部数组元素。还要注意指针变量 pp、qq，由于循环改变了它们的值，因此在程序中对它们重新赋予了数组的首地址。

11.2.3 文件的随机读/写

前面介绍的对文件的读/写方式都是顺序读/写，即读/写文件只能从头开始，顺序读/写各个数据。但在实际问题中常要求只读/写文件中某一指定的部分。为了解决该问题，可移动文件内部的位置指针到需要读/写的位置，再进行读/写，这种读/写称为随机读/写。

实现随机读/写的关键是要按要求移动位置指针，这称为文件定位。

1. 文件定位

移动文件内部位置指针的函数主要有两个，即 rewind()函数和 fseek()函数。

rewind()函数前面已多次使用过，其调用的一般形式如下：

```
rewind(文件指针);
```

它的功能是把文件内部的位置指针移到文件首。

下面主要介绍 fseek()函数。fseek()函数用来移动文件内部位置指针，其调用的一般形式如下：

```
fseek(文件指针,位移量,起始点);
```

其中：

1）文件指针指向被移动的文件。

2）位移量表示移动的字节数，要求位移量是 long 型数据，以便在文件长度大于 64KB 时不会出错。当用常量表示位移量时，要求加后缀 L。

3）起始点表示从何处开始计算位移量。规定的起始点有 3 种：文件首、当前位置和文件末尾。其表示方法如表 11-2 所示。

表 11-2 起始点的 3 种表示方法

起始点	表示符号	数字表示
文件首	SEEK_SET	0
当前位置	SEEK_CUR	1
文件末尾	SEEK_END	2

例如：

```
fseek(fp,100L,0);
```

其意义是把位置指针移到离文件首 100 字节处。

还要说明的是，fseek()函数一般用于二进制文件。在文本文件中由于要进行转换，因此往往计算的位置会出现错误。

2. 随机读/写文件

在移动位置指针之后，即可用前面介绍的任一种读/写函数进行读/写。由于一般是读/写一个数据块，因此常用 fread()函数和 fwrite()函数。下面用例 11-8 来说明文件的随机读/写。

例 11-8 在学生文件 stu_list 中读出第二个学生的数据。

```
#include<stdio.h>
struct stu{
    char name[10];
    int num;
    int age;
    char addr[15];
}boy,*qq;
main(){
    FILE *fp;
    char ch;
    int i=1;
    qq=&boy;
    if((fp=fopen("stu_list","rb"))==NULL){
        printf("Cannot open file strike any key exit!");
        getch();
        exit(1);
    }
    rewind(fp);
    fseek(fp,i*sizeof(struct stu),0);
    fread(qq,sizeof(struct stu),1,fp);
    printf("\n\nname\tnumber age addr\n");
    printf("%s\t%5d  %7d  %s\n",qq->name,qq->num,qq->age,qq->addr);
}
```

文件 stu_list 已由例 11-6 的程序建立，本程序用随机读出的方法读出第二个学生的数据。程序中定义 boy 为 stu 类型变量，qq 为指向 boy 的指针。以读二进制文件方式打开文件，程序第 19 行移动文件位置指针，其中 i 值为 1，表示从文件头开始。移动一个 stu 类型的长度，然后读出的数据即为第二个学生的数据。

11.2.4 文件检测函数

C 语言中常用的文件检测函数有以下几个。

1. 文件结束检测函数——feof()函数

feof()函数调用的一般形式如下：

```
feof(文件指针);
```

功能：判断文件是否处于文件结束位置，如文件结束，则返回值为 1，否则为 0。

2. 读/写文件出错检测函数——ferror()函数

ferror()函数调用的一般形式如下：

```
ferror(文件指针);
```

功能：检查文件在用各种输入/输出函数进行读/写时是否出错。如 ferror()返回值为 0，表示未出错，否则表示有错。

3. 文件出错标志和文件结束标志置 0 函数——clearerr()函数

clearerr()函数调用的一般形式如下：

```
clearerr(文件指针);
```

功能：清除出错标志和文件结束标志，使它们为 0。

思考与练习

1. 文件的打开和关闭的含义是什么？为什么要打开和关闭文件？

2. 若要用 fopen()函数打开一个新的二进制文件，该文件要既能读也能写，则文件方式字符串应是（　　）。

   A. "ab+"　　B. "wb+"　　C. "rb+"　　D. "ab"

3. fscanf()函数的正确调用形式是（　　）。

   A. fscanf(fp,格式字符串,输出表列);
   B. fscanf(格式字符串,输出表列,fp);
   C. fscanf(格式字符串,文件指针,输出表列);
   D. fscanf(文件指针,格式字符串,输入表列);

4. 关于 fwrite (buffer, sizeof(Student), 3, fp) 函数的描述不正确的是（　　）。

   A. 将 3 个学生的数据块按二进制形式写入文件
   B. 将由 buffer 指定的数据缓冲区内的 3* sizeof(Student)个字节的数据写入指定文件
   C. 返回实际输出数据块的个数，若返回 0 值，表示输出结束或发生了错误
   D. 若由 fp 指定的文件不存在，则返回 0 值

5. 若 fp 是指向某文件的指针，文件操作结束之后，关闭文件指针应使用（　　）语句。

   A. fp=fclose();　　B. fp=fclose;　　C. fclose;　　D. fclose(fp);

6. 若 fp 是指向某文件的指针，且已读到文件末尾，则函数 feof(fp)的返回值是（　　）。

   A. EOF　　B. −1　　C. 1　　D. NULL

7. fseek()函数的正确调用形式为（　　）。

   A. fseek(文件类型指针,起始点,位移量);
   B. fseek(文件指针,位移量,起始点);
   C. fseek(位移量,起始点,fp);
   D. fseek(起始点,位移量,文件类型指针);

8. 已知函数的调用形式：fread(buf,size,count,fp)，参数 buf 的含义是（　　）。

   A. 一个整型变量，代表要读入的数据项总数
   B. 一个文件指针，指向要读的文件
   C. 一个指针，指向要读入数据的存放地址
   D. 一个存储区，存放要读的数据项

11.3 库 文 件

C语言系统提供了丰富的系统文件，称为库文件。C语言的库文件分为两类，一类是扩展名为“.h”的文件，称为头文件，在前面的包含命令中已多次使用过。在“.h”文件中包含了常量定义、类型定义、宏定义、函数原型及各种编译选择设置等信息。另一类是函数库，包括各种函数的目标代码，供用户在程序中调用。通常在程序中调用一个库函数时，要在调用之前包含该函数原型所在的“.h”文件。

Turbo C的全部“.h”文件如表11-3所示。

表11-3 Turbo C的全部“.h”文件

头文件	说明
alloc.h	声明内存管理函数（分配、释放等）
assert.h	定义assert调试宏
bios.h	声明调用IBM—PC ROM BIOS子程序的各个函数
conio.h	声明调用DOS控制台I/O子程序的各个函数
ctype.h	包含有关字符分类及转换的各类信息（如 isalpha和toascii等）
dir.h	包含有关目录和路径的结构、宏定义和函数
dos.h	定义和说明MSDOS和8086调用的一些常量和函数
error.h	定义错误代码的助记符
fcntl.h	定义在与open库子程序连接时的符号常量
float.h	包含有关浮点运算的一些参数和函数
graphics.h	声明有关图形功能的各个函数、图形错误代码的常量定义、针对不同驱动程序的各种颜色值及函数用到的一些特殊结构
io.h	包含低级I/O子程序的结构和说明
limit.h	包含各环境参数、编译时间限制、数的范围等信息
math.h	声明数学运算函数，还定义了HUGE VAL宏，声明了matherr和matherr子程序用到的特殊结构
mem.h	声明一些内存操作函数（其中大多数也在STRING.H中声明）
process.h	声明进程管理的各个函数，spawn…和EXEC…函数的结构声明
setjmp.h	定义longjmp()和setjmp()函数用到的jmp buf类型，声明这两个函数
share.h	定义文件共享函数的参数
signal.h	定义SIG_IGN和SIG_DFL常量，声明rajse()和signal()两个函数
stddef.h	定义读函数参数表的宏（如vprintf()函数、vscarf()函数）
stddef.h	定义一些公共数据类型和宏
stdio.h	定义Kernighan和Ritchie在UNIX System V中定义的标准和扩展的类型和宏；还定义标准I/O预定义流：stdin、stdout和stderr，声明I/O流子程序
stdlib.h	声明一些常用的子程序：转换子程序、搜索/排序子程序等
string.h	声明一些串操作和内存操作函数
sys\stat.h	定义在打开和创建文件时用到的一些符号常量
sys\types.h	说明ftime()函数和timeb结构

续表

头文件	说明
sys\time.h	定义时间的类型 time[ZZ()]t
time.h	定义时间转换子程序 asctime、localtime 和 gmtime 的结构，ctime、difftime、gmtime、localtime 和 stime 用到的类型，并提供这些函数的原型
value.h	定义一些重要常量，包括依赖于机器硬件的和为与 UNIX System V 相兼容而声明的一些常量，包括浮点和双精度值的范围

思考与练习

1. 若要打开 A 盘上 user 子目录下名为 abc.txt 的文本文件进行读/写操作，下面符合此要求的函数调用是（　　）。

   A. fopen("A:\user\abc.txt","r")

   B. fopen("A:\\user\\abc.txt","r+")

   C. fopen("A:\user\abc.txt","rb")

   D. fopen("A:\\user\\abc.txt","w")

2. 若 fp 已正确定义并指向某个文件，当未遇到该文件结束标志时函数 feof(fp)的值为（　　）。

   A. 0　　B.1　　C. −1　　D. 一个非 0 值

3. 当已经存在一个 file1.txt 文件，执行函数 fopen("file1.txt","r+")的功能是（　　）。

   A. 打开 file1.txt 文件，清除原有的内容

   B. 打开 file1.txt 文件，只能写入新的内容

   C. 打开 file1.txt 文件，只能读取原有内容

   D. 打开 file1.txt 文件，可以读取和写入新的内容

4. fread(buf,64,2,fp)的功能是（　　）。

   A. 从 fp 所指向的文件中读出整数 64，并存放在 buf 中

   B. 从 fp 所指向的文件中读出整数 64 和 2，并存放在 buf 中

   C. 从 fp 所指向的文件中读出 64 字节的字符，读两次，并存放在 buf 地址中

   D. 从 fp 所指向的文件中读出 64 字节的字符，并存放在 buf 中

11.4　实例 23：文本文档操作

有一个存储很多学生成绩的文本文件（学生与课程数不限），每个学生的数据包括学号（10 个数字）、姓名（最多 4 个汉字）、性别、课程名称（最多 7 个汉字）、成绩（整数）。从键盘输入某门课程的名称，要求在文件中查找有无相应的课程（可能有多条记录或没有），有则计算并输出该课程的选课人数与平均成绩，无则报告没有。

实例 23 代码如下：

```
1   #include<stdio.h>
2   #include<stdlib.h>
3   #include<string.h>
```

```
4   int main(void)
5   { FILE *fp;
6      int num;
7      char name[9], search[15];
8      char sex[3];
9      char course[15];
10     int scores, i = 0;
11     double sum = 0, ave;
12     printf("请输入要计算平均成绩的课程名称：");
13     gets(search);
14     fp = fopen("xscj.txt", "r");
15     if (fp == NULL)
16       {  printf("文件打开失败，请检查文件名及路径是否正确、文件是否存在！");
17          exit(1);  }
18  }
19     while (fscanf(fp, "%d %s %s %s %d", &num, name, sex, course, &scores) !=
    EOF)
20     {    if (strcmp(search, course) == 0)
21          {   i++;
22          sum += scores;    }
23     }
24      if(i==0)
25        printf("文件中没有名称为"%s"的课程\n", search);
26     else
27     {  ave = sum / i;
28       printf("\n 计算结果为：\n");
29       printf("课程"%s"有 %d 人选学，平均成绩为%.1lf\n", search, i, ave);
30       fclose(fp);
31       return 0;
32     }
```

文本文件 xscj.txt 中的内容如图 11-1 所示。

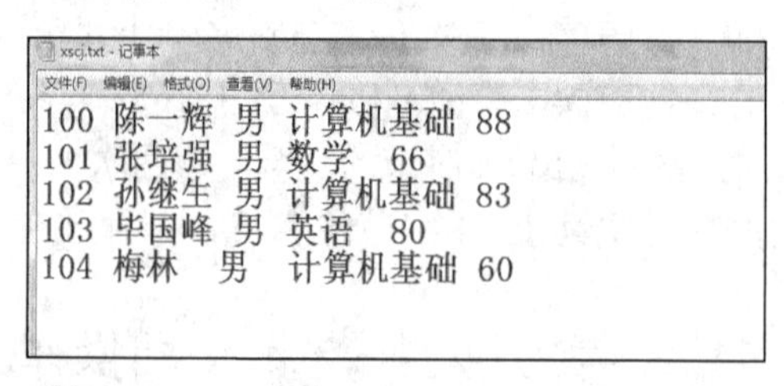

xscj.txt - 记事本
文件(F) 编辑(E) 格式(O) 查看(V) 帮助(H)
100 陈一辉 男 计算机基础 88
101 张培强 男 数学 66
102 孙继生 男 计算机基础 83
103 毕国峰 男 英语 80
104 梅林 男 计算机基础 60

图 11-1　文本文件 xscj.txt 中的内容

程序运行结果如图 11-2 所示。

```
请输入要计算平均成绩的课程名称：计算机基础

计算结果为：
课程"计算机基础"有 3 人选学，平均成绩为77.0
Press any key to continue
```

图 11-2　实例 23 运行结果

1）包含所需头文件：

```
1   #include<stdio.h>
2   #include<string.h>
3   #include<stdlib.h>
```

2）初始化变量：

```
5   FILE *fp;                              //定义指向文件类型指针
6   int num;
7   char name[9], search[15];
8   char sex[3];
9   char course[15];                       //课程名称变量
10  int scores, i = 0;
11  double sum = 0, ave;                   //总成绩和平均分变量
```

3）打开目录下的文本文件 xscj.txt，以只读方式打开：

```
14  fp = fopen("xscj.txt", "r");           //打开 xscj.txt 文本文件
15  if (fp == NULL)                        //判断是否打开成功
16   {  printf("文件打开失败，请检查文件名及路径是否正确、文件是否存在！");
17      exit(1);}
```

4）从打开的文件读入数据，将数据与课程名称对比，统计选中课程的人数，计算总成绩：

```
19  while (fscanf(fp, "%d %s %s %s %d", &num, name, sex, course, &scores) !=
    EOF)
    //循环条件是指针未到文件尾
20  {  if (strcmp(search, course) == 0)   //用比较函数看文件里是否有输入的
    课程名称
21     {  i++;                             //进行计数
22       sum += scores;}                   //总成绩求和
23  }
```

5）如果有选中课程的信息，求出平均分，显示该门课程有多少人选择，并显示平均成绩，关闭 xscj.txt 文件：

```
27  ave = sum / i;                         //求平均分
28  printf("\n 计算结果为：\n");
29  printf("课程"%s"有 %d 人选学，平均成绩为%.1lf\n", search, i, ave);
30   fclose(fp);                           //关闭文件
```

思考与练习

1. 以下程序段打开文件后，先利用 fseek()函数将文件位置指针定位在文件末尾，然后调用 ftell()函数返回当前文件位置指针的具体位置，从而确定文件长度，请填空。

```
FILE *myf;  int  f1;
  myf=________("test.t", "rb");
    fseek(myf,0,SEEK_END);
f1=ftel(myf); fclose(myf); printf("%d\n",f1);
```

2. 编写一个程序，以只读方式打开一个文本文件 filea.txt。如果打开，将文件地址放在 fp 文件指针中；如果打不开，显示“Can’t open filea.txt file \n.”，然后退出。

程 序 练 习

一、程序填空

1. 向文本文件 E:\test.txt 中覆盖写一个字符。

```
#include<stdio.h>
void main()
{  ____________ *fp;
   fp=fopen("___________", ______);
   if(fp==NULL)
      printf("error\n");
   else
      fputc('c',_______);
   _______________;
}
```

提示：程序运行后可使用“我的电脑”到 E 盘打开 test.txt 文件，观察其中的内容。

2. 以只读方式打开指定文件后，输出每行字符，并统计行数。

```
#include<stdio.h>
void main()
{
   FILE *fp;
   char w[81],filename[20];
   int lines=0;
   printf("please input filename:");
   gets(filename);
   ______=fopen(filename,"_____");
   if(fp==NULL)
     printf("error\n");
   else
   {
     while (___________(w,80,fp)!=NULL)
     {
       lines=lines+1;
       printf("%s",w);
     }
     printf("\nlines=%d",lines);
   }
   fclose(fp);
}
```

3. 统计文件中字母的个数。

```
____________________
void main()
{  FILE *fp;
   long num;
   num=0;
```

```
    if(fp=fopen("readme.txt",________)==NULL)
    {  printf("Error open file!");
       exit(0);    }
    while(______________)
    {    __________________;
       if(_____________)
       num++;
    }
    printf("num=%ld\n",num);
    fclose(fp);
}
```

二、程序改错

```
#include<stdio.h>
void main()
{   file *fp;
    char *str1="first",*str2="second";
    if((fp=fopen("myfile",w+))==NULL)
    {  printf("can't open file: myfile\n");
       exit(1);  }
    fwrite(str2,6,1,fp);
    fseek(fp,0L,SEEK_SET);
    fwrite(str1,5,1,fp);
    fclose();
}
```

三、程序设计

1. 从键盘输入一些字符，逐个把它们写入一个文本文件 D:\temp.txt 中，直到输入一个“#”为止。

2. 编程打开一个文本文件 D:\temp.txt，将其全部内容显示在屏幕上。

第 12 章　预处理命令

学习目标

1）了解宏的定义和使用。

2）理解文件包含的定义。

3）了解条件编译的基本形式和用法。

在前面各章中已多次使用过以“#”开头的预处理命令，如包含命令#include、宏定义命令#define 等。在源程序中这些命令都放在函数之外，而且一般都放在源文件的前面，它们称为预处理部分。

预处理是指在进行编译的第一遍扫描（词法扫描和语法分析）之前所做的工作。预处理是 C 语言的一个重要功能，它由预处理程序负责完成。当对一个源文件进行编译时，系统将自动引用预处理程序对源程序中的预处理部分进行处理，处理完毕自动进入对源程序的编译。

C 语言提供了多种预处理功能，如宏定义、文件包含、条件编译等。合理地使用预处理功能编写的程序便于阅读、修改、移植和调试，也有利于模块化程序设计。本章介绍常用的几种预处理功能。

12.1　宏　定　义

在 C 语言源程序中允许用一个标识符来表示一个字符串，称为宏。被定义为宏的标识符称为宏名。在编译预处理时，对程序中所有出现的宏名都用宏定义中的字符串代换，这称为宏代换或宏展开。

宏定义是由源程序中的宏定义命令完成的，宏代换是由预处理程序自动完成的。

在 C 语言中，宏分为有参数和无参数两种。下面分别讨论这两种宏的定义和调用。

12.1.1　无参宏定义

无参宏的宏名后不带参数，其定义的一般形式如下：

```
#define  标识符  字符串
```

其中，“#”表示这是一条预处理命令。凡是以“#”开头的均为预处理命令。define 为宏定义命令。标识符为所定义的宏名。字符串可以是常数、表达式、格式串等。

在前面介绍过的符号常量的定义就是一种无参宏定义。此外，常对程序中反复使用的表达式进行宏定义。

例如：

```
#define M (y*y+3*y)
```

其作用是指定标识符 M 来代替表达式(y*y+3*y)。在编写源程序时，所有的(y*y+3*y)都可由 M 代替；而对源程序进行编译时，将先由预处理程序进行宏代换，即用(y*y+3*y)表达式置换所有的宏名 M，然后进行编译。

例 12-1　无参宏替换。

```
#include<stdio.h>
#define M (a*a+2*a)
void main()
{
    int s,a;
    printf("input a number:");
    scanf("%d",&a);
    s=2*M+3*M+4*M;
    printf("s=%d\n",s);
}
```

程序运行结果如下：

```
input a number:3↙
135
```

本例程序中首先进行宏定义，定义 M 来替代表达式(a*a+2*a)，在 s=2*M+3*M+4*M 中进行了宏调用。在预处理时经宏展开后该语句变为

```
s=2*(a*a+2*a)+3*(a*a+2*a)+4*(a*a+2*a);
```

但要注意的是，在宏定义中表达式(a*a+2*a)两边的括号不能少，否则会发生错误。例如，当进行以下定义后：

```
#difine M a*a+2*a
```

在宏展开时将得到下述语句：

```
s=2*a*a+2*a+3*a*a+2*a+4*a*a+2*a;
```

相当于

$2a^2+2a+3a^2+2a+4a^2+2a;$

显然与原题意要求不符，计算结果当然是错误的。因此，在进行宏定义时必须十分注意，应保证在宏代换之后不发生错误。

对于宏定义还要说明以下几点：

1）宏定义是用宏名来表示一个字符串，在宏展开时又以该字符串取代宏名。这只是一种简单的代换，字符串中可以含任何字符，可以是常数，也可以是表达式，预处理程序对它不做任何检查。如有错误，只能在编译已被宏展开后的源程序时发现。

2）宏定义不是声明或语句，在行末不必加分号，如加上分号则连分号也一起置换。

3）宏定义必须写在函数之外，其作用域为宏定义命令起到源程序结束。如要终止其作用域，可使用#undef 命令。

例如：

```
#define PI 3.14159
void main()
{
  …
}
```

```
#undef PI
f1()
{
   …
}
```

表示PI只在main()函数中有效，在f1中无效。

4）宏名在源程序中若用引号括起来，则预处理程序不对其作宏代换。例如：

```
#define OK 100
void main()
{
    printf("OK");
    printf("\n");
}
```

本例中定义宏名OK表示100，但在printf语句中OK被引号括起来，因此不作宏代换。程序的运行结果为OK，只把OK当字符串处理。

5）宏定义允许嵌套，在宏定义的字符串中可以使用已经定义的宏名。在宏展开时由预处理程序层层代换。例如：

```
#define PI 3.1415926
#define S PI*a*a          //PI 是已定义的宏名
```

对语句：

```
printf("%f",S);
```

在宏代换后变为

```
printf("%f",3.1415926*a*a);
```

6）习惯上宏名用大写字母表示，以便于与变量区别；但也允许用小写字母。

7）可用宏定义表示数据类型，以方便书写。例如：

```
#define STU struct stu
```

在程序中可用STU进行变量声明：

```
STU body[5],*p;
```

应注意用宏定义表示数据类型和用typedef定义数据说明符的区别：宏定义只是简单的字符串代换，是在预处理完成的；而typedef是在编译时处理的，它不是进行简单的代换，而是对类型说明符重新命名。被命名的标识符具有类型定义说明的功能。例如：

```
#define PIN1 int *
typedef (int *) PIN2;
```

从形式上看这两者相似，但在实际使用中却不相同。

下面用PIN1、PIN2声明变量，可以清楚地看出它们的区别。

对语句：

```
PIN1 a,b;
```

在宏代换后变为

```
int *a,b;
```

表示a是指向整型的指针变量，而b是整型变量。

然而：

```
PIN2 a,b;
```

表示a、b都是指向整型的指针变量，这是因为PIN2是一个类型说明符。

由以上示例可见，宏定义虽然也可表示数据类型，但只是进行字符代换，在使用时要分外小心，以免出错。

8）对“输出格式”进行宏定义，可以减少书写麻烦。

例 12-2 无参宏替换。

```
#include<stdio.h>
#define P printf
#define D "%d\n"
#define F "%f\n"
void main()
{
   int a=5,c=8,e=11;
   float b=3.8,d=9.7,f=21.08;
   P(D F,a,b);
   P(D F,c,d);
   P(D F,e,f);
}
```

程序运行结果如下：

```
5
3.800000
8
9.700000
11
21.080000
```

12.1.2 带参宏定义

C语言允许宏带有参数。在宏定义中的参数称为形参，在宏调用中的参数称为实参。

对带参数的宏，在调用中不仅要将宏展开，而且要用实参代换形参。

带参宏定义的一般形式如下：

```
#define 宏名(形参表) 字符串
```

在字符串中含有各个形参。

带参宏调用的一般形式如下：

```
宏名(实参表);
```

例如：

```
#define M(a) a*a+3*a          //宏定义
   …
k=M(5);                       //宏调用
   …
```

在宏调用时，用实参 5 代替形参 a，经预处理宏展开后的语句为

k=5*5+3*5

例 12-3 带参数的宏。

```
#include<stdio.h>
#define MAX(a,b) (a>b)?a:b
void main()
{
```

```
    int x,y,max;
    printf("input two numbers: ");
    scanf("%d%d",&x,&y);
    max=MAX(x,y);
    printf("max=%d\n",max);
}
```

程序运行结果如下：

```
input two numbers:10 20↙
max=20
```

本例程序的第 2 行进行带参宏定义，用宏名 MAX 表示条件表达式(a>b)?a:b，形参 a、b 均出现在条件表达式中；第 8 行“max=MAX(x,y);”为宏调用，实参 x、y 将代换形参 a、b。宏展开后该语句为

```
max=(x>y)?x:y;
```

对于带参的宏定义，有以下问题需要说明：

1）带参宏定义中，宏名和形参表之间不能有空格出现。例如，把

```
#define MAX(a,b) (a>b)?a:b
```

写为

```
#define MAX (a,b) (a>b)?a:b
```

将被认为是无参宏定义，宏名 MAX 代表字符串(a,b) (a>b)?a:b。宏展开时，宏调用语句

```
max=MAX(x,y);
```

将变为

```
max=(a,b)(a>b)?a:b(x,y);
```

这显然是错误的。

2）在带参宏定义中，形参不分配内存单元，因此不必进行类型定义。而宏调用中的实参有具体的值，要用它们代换形参，因此必须进行类型声明。这与函数中的情况是不同的。在函数中，形参和实参是两个不同的量，各有自己的作用域，调用时要把实参值赋予形参，进行值传递；而在带参宏中只是符号代换，不存在值传递的问题。

3）在宏定义中的形参是标识符，而宏调用中的实参可以是表达式。

例 12-4 实参是表达式的宏。

```
#include<stdio.h>
#define SQ(a) (a)*(a)
void main()
{
    int x,sq;
    printf("input a number: ");
    scanf("%d",&x);
    sq=SQ(x+1);
    printf("sq=%d\n",sq);
}
```

程序运行结果如下：

```
input a number:5↙
sq=36
```

本例中第 2 行为宏定义，形参为 a。第 8 行宏调用中实参为 x+1，是一个表达式，

在宏展开时用 x+1 代换 a，再用(a)*(a) 代换 SQ，得到如下语句：

```
sq=(x+1)*(x+1);
```

这与函数的调用是不同的，函数调用时要把实参表达式的值求出来再赋予形参，而宏代换中对实参表达式不作计算直接照原样代换。

4）在宏定义中，字符串内的形参通常要用括号括起来以避免出错。在例 12-4 的宏定义中，(a)*(a)表达式的 a 都用括号括起来，因此结果是正确的。如果去掉括号，把程序改为以下形式：

```
#include<stdio.h>
#define SQ(a) a*a
void main()
{
    int x,sq;
    printf("input a number: ");
    scanf("%d",&x);
    sq=SQ(x+1);
    printf("sq=%d\n",sq);
}
```

程序运行结果如下：

```
input a number:5↙
sq=11
```

同样输入 5，但结果却不一样。这是由于代换只作符号代换而不作其他处理而造成的。宏代换后将得到以下语句：

```
sq=x+1*x+1;
```

由于 x 为 5，因此 sq 的值为 11。这显然与题意相违，因此参数两边的括号是不能少的。

有时即使在参数两边加括号也会出错，如例 12-5 所示。

例 12-5　形参是字符串的宏。

```
#include<stdio.h>
#define SQ(a) (a)*(a)
void main()
{
    int x,sq;
    printf("input a number: ");
    scanf("%d",&x);
    sq=360/SQ(x+1);
    printf("sq=%d\n",sq);
}
```

程序运行结果如下：

```
input a number:5↙
sq=360
```

本例程序与前例相比，只把宏调用语句改为

```
sq=360/SQ(x+1);
```

运行本程序，如输入值仍为 5，希望结果为 10，但实际运行结果为 360，为什么会得到这样的结果呢？分析宏调用语句，在宏代换之后变为

```
sq=360/(x+1)*(x+1);
```

当 a 为 5 时，由于“/”和“*”运算符优先级和结合性相同，则先计算 360/(5+1)得 60，再计算 60*(5+1)得 360。为了得到正确答案，应在宏定义中的整个字符串外加括号，程序修改如下：

```
#include<stdio.h>
#define SQ(a) ((a)*(a))
void main()
{
    int x,sq;
    printf("input a number: ");
    scanf("%d",&x);
    sq=360/SQ(x+1);
    printf("sq=%d\n",sq);
}
```

以上讨论说明，对于宏定义不仅应在参数两侧加括号，也应在整个字符串外加括号。

5）带参的宏和带参函数很相似，但有本质上的不同，除上面已谈到的各点外，把同一表达式用函数处理与用宏处理，两者的结果有可能是不同的。

例 12-6 带参函数。

```
#include<stdio.h>
int SQ(int a)
{
    return((a)*(a));
}
void main()
{
    int i=1;
    while(i<=5)
        printf("%d\n",SQ(i++));
}
```

程序运行结果如下：

```
1
4
9
16
25
```

例 12-7 带参的宏。

```
#include<stdio.h>
#define SQ(a) ((a)*(a))
void main()
{
    int i=1;
    while(i<=5)
        printf("%d\n",SQ(i++));
}
```

程序运行结果如下：

```
1
```

```
9
25
```

在例 12-6 中，函数名为 SQ，形参为 a，函数体表达式为((a)*(a))；在例 12-7 中，宏名为 SQ，形参为 a，字符串表达式为((a)*(a))。例 12-6 的函数调用为 SQ(i++)，例 12-7 的宏调用为 SQ(i++)，实参也是相同的，但运行结果却大不相同。

分析如下：在例 12-6 中，函数调用是把实参 i 值传给形参 a 后自增 1，然后输出函数值，因此要循环 5 次，输出 1～5 的平方值。在例 12-7 中，宏调用时只作代换，SQ(i++)被代换为((i++)*(i++))。在第 1 次循环时，i 等于 1，其计算过程为：由于都是 i++前缀的形式，表达式先用 i 的初值 1 进行 i*i 运算，输出结果为 1，然后 i 值进行两次自增运算变成 3；在第 2 次循环时，i 值为 3，与第一次同样的运算过程，输出 i*i 的值为 9，再进行两次自增运算变成 5；进入第 3 次循环，先输出 i*i 运算的结果为 25，最终 i 值变为 7，不再满足循环条件，停止循环。

从以上分析可以看出，函数调用和宏调用虽在形式上相似，但在本质上是完全不同的。

6）宏定义也可用来定义多个语句，在宏调用时，把这些语句又代换到源程序内。

例 12-8　定义多个语句的宏。

```
#include<stdio.h>
#define S(s1,s2,s3,s4) s1=a*b;s2=a*c;s3=b*c;s4=a*b*c;
void main()
{
    int a=3,b=4,c=5,sa,sb,sc,sd;
    S(sa,sb,sc,sd);
    printf("sa=%d\nsb=%d\nsc=%d\nsd=%d\n",sa,sb,sc,sd);
}
```

程序运行结果如下：

```
sa=12
sb=15
sc=20
sd=60
```

本例程序第 2 行为宏定义，用宏名 S 表示 4 个赋值语句，4 个形参分别为 4 个赋值符左部的变量。在宏调用时，把 4 个语句展开并用实参代替形参，使计算结果送入实参之中。

思考与练习

1. 以下描述中，正确的是（　　）。
   A. 预处理是指完成宏替换和文件包含中指定的文件的调用
   B. 预处理指令只能位于 C 源文件的开始
   C. 预处理就是完成 C 编译程序对 C 源程序第一遍扫描，为编译词法和语法分析做准备
   D. C 源程序中凡是行首以“#”标识的控制行都是预处理指令
2. 以下叙述中，不正确的是（　　）。
   A. 预处理命令行都必须以“#”号开始

B. 在程序中凡是以“#”号开始的语句行都是预处理命令行

C. #define IBM_PC 是正确的宏定义

D. C 程序在执行过程中对预处理命令行进行处理

12.2 文 件 包 含

文件包含是 C 语言预处理程序的另一个重要功能。

文件包含命令行的一般形式如下：

```
#include<文件名>
```

在前面已多次用此命令包含过库函数的头文件。例如：

```
#include<stdio.h>
#include<math.h>
```

文件包含命令的功能是把指定的文件插入该命令行位置取代该命令行，从而把指定的文件和当前的源程序文件连成一个源文件。

在程序设计中，文件包含是很有用的。一个大的程序可以分为多个模块，由多个编程人员分别编程。有些公用的符号常量或宏定义等可单独组成一个文件，在其他文件的开头用包含命令包含该文件即可使用。这样，可避免在每个文件开头都书写那些公用量，从而节省时间，并减少出错。

对文件包含命令还要说明以下几点：

1）包含命令中的文件名可以用尖括号括起来，也可以用双引号括起来。例如，以下写法都是允许的：

```
#include<stdio.h>
#include<math.h>
```

但是这两种形式是有区别的：使用尖括号表示在包含文件目录中查找（包含目录是由用户在设置环境时设置的），而不在源文件目录查找；使用双引号则表示首先在当前的源文件目录中查找，若未找到才到包含目录中查找。用户编程时可根据自己文件所在的目录来选择某一种命令形式。

2）一个 include 命令只能指定一个被包含文件，若有多个文件要包含，则需用多个 include 命令。

3）文件包含允许嵌套，即在一个被包含的文件中又可以包含另一个文件。

思考与练习

1. 以下叙述中，正确的是（　　）。

   A. 在程序的一行上可以出现多个有效的预处理命令

   B. 使用带参的宏时，参数的类型应与宏定义时的一致

   C. 宏替换不占用运行时间，只占编译时间

   D. 在#define C R 045 中 C R 是称为“宏名”的标识符

2. 预处理是在________之前进行的。

3. 宏定义的关键字是________。

12.3　条 件 编 译

预处理程序提供了条件编译功能，可以按不同的条件编译不同的程序部分，因而产生不同的目标代码文件，这对于程序的移植和调试非常有用。

条件编译有 3 种形式，下面分别介绍。

1. 第 1 种形式

条件编译的第 1 种形式如下：

```
#ifdef 标识符
  程序段 1
#else
  程序段 2
#endif
```

功能：如果标识符已被 #define 命令定义过，则对程序段 1 进行编译，否则对程序段 2 进行编译。如果没有程序段 2（为空），本格式中的#else 可以没有，即可以写为

```
#ifdef 标识符
   程序段
#endif
```

例 12-9　#ifdef…#else…#endif 条件编译。

```
#include<stdio.h>
#include<stdlib.h>
#define NUM ok
void main()
{
    struct stu
    {
        int num;
        char *name;
        char sex;
        float score;
    }*ps;
    ps=(struct stu*)malloc(sizeof(struct stu));
    ps->num=102;
    ps->name="Zhang ping";
    ps->sex='M';
    ps->score=62.5;
    #ifdef NUM
        printf("Number=%d\nScore=%.1f\n",ps->num,ps->score);
    #else
        printf("Name=%s\nSex=%c\n",ps->name,ps->sex);
    #endif
    free(ps);
}
```

程序运行结果如下：

```
Number=102
Score=62.5
```

由于在程序的第 18 行插入了条件编译预处理命令，因此要根据 NUM 是否被定义过来决定编译哪一个 printf 语句。在程序的第 3 行已对 NUM 进行过宏定义，因此应对第一个 printf 语句进行编译，故运行结果是输出学号和成绩。

在程序的第 3 行宏定义中，定义 NUM 表示字符串 ok，其实也可以为任何字符串，甚至不给出任何字符串也具有同样的意义。例如：

```
#define NUM
```

只有取消程序的第 3 行才会编译第 2 个 printf 语句。

2. 第 2 种形式

条件编译的第 2 种形式如下：

```
#ifndef 标识符
    程序段 1
#else
    程序段 2
#endif
```

其与第 1 种形式的区别是将 ifdef 改为 ifndef。

功能：如果标识符未被#define 命令定义过，则对程序段 1 进行编译，否则对程序段 2 进行编译。这与第 1 种形式的功能相反。

3. 第 3 种形式

条件编译的第 3 种形式如下：

```
#if 常量表达式
    程序段 1
#else
    程序段 2
#endif
```

功能：如常量表达式的值为“真”（非 0），则对程序段 1 进行编译，否则对程序段 2 进行编译。因此，该种形式可使程序在不同条件下完成不同的功能。

例 12-10 #if…#else…#endif 条件编译。

```
#include<stdio.h>
#define R 1
void main()
{
    float c,r,s;
    printf ("input a number:");
    scanf("%f",&c);
    #if R
        r=3.14159*c*c;
        printf("area of round is:%f\n",r);
    #else
        s=c*c;
       printf("area of square is:%f\n",s);
```

```
    #endif
}
```

程序运行结果如下：

```
input a number:5↙
area of square is:78.54
```

本例中采用了第 3 种形式的条件编译。在程序第 2 行宏定义中，定义 R 为 1，因此在条件编译时常量表达式的值为“真”，故计算并输出圆面积。

上面介绍的条件编译也可以用条件语句来实现，但是用条件语句将会对整个源程序进行编译，生成的目标代码程序很长；而采用条件编译则根据条件只编译其中的程序段 1 或程序段 2，生成的目标程序较短。如果条件选择的程序段很长，采用条件编译的方法是十分必要的。

思考与练习

1. C 程序中的宏展开是在（　　）进行的。

   A. 编译时　　B. 程序执行时　　C. 编辑时　　D. 编译时

2. 文件包含使用关键字________。
3. 宏展开是以字符串取代________的过程。

程 序 练 习

一、分析下列程序的运行结果

1.

```
#include <stdio.h>
#define  X  5
#define  Y  X+1
#define  Z  Y*X/2
void main()
{
   int a;
   a=Y;
   printf("%d, ",Z);
   printf("%d\n",--a);
}
```

2.

```
#include <stdio.h>
#define T 16
#define  S  (T+10)-7
void main()
{
   printf("%d\n",S*2);
}
```

3.

```
#include <stdio.h>
#define  MAX(x,y)  (x)>(y)?(x):(y)
void main()
{
   int a=1,b=2,c=3,d=2,t;
   t=MAX(a+b,c+d)*100;
   printf("%d\n",t);
}
```

二、试运行如下两个程序，体会有何不同

1.

```
#include<stdio.h>
void main()
{
   int i=1;
   while(i<=5)
     printf("%d",SQ(i++));
}
int SQ(int y)
{
   return((y)*(y));
}
```

2.

```
#include<stdio.h>
#define SQ(y)  ((y)*(y))
void main()
{
   int i=1;
   while(i<=5)
     printf("%d",SQ(i++));
}
```

参 考 文 献

柴田望洋，2013．明解C语言[M]．管杰，罗勇，译．北京：人民邮电出版社．

陈良银，游洪跃，李旭伟，2018．C语言教程[M]．北京：高等教育出版社．

嵩天，礼欣，黄天宇，2012．Python语言程序设计基础[M]．北京：高等教育出版社．

苏小红，孙志岗，陈惠鹏，2012．C语言大学实用教程[M]．北京：电子工业出版社．

谭浩强，2017．C程序设计[M]．5版．北京：清华大学出版社．

朱鸣华，刘旭麟，2007．C语言程序设计教程[M]．5版．北京：机械工业出版社．

Samuel P. Harbison III, Guy L. Steele Jr，2011．C语言参考手册[M]．徐波，等译．北京：机械工业出版社．